U0198260

图书在版编目（CIP）数据

亮城计 / 许东亮著；梁贺绘 . — 沈阳 : 辽宁科学技术出版社 , 2019.11（2023.9重印）
ISBN 978-7-5591-1255-2

Ⅰ . ①亮… Ⅱ . ①许… ②梁… Ⅲ . ①建筑照明—照明设计 Ⅳ . ① TU113.6

中国版本图书馆 CIP 数据核字（2019）第 173380 号

出版发行：辽宁科学技术出版社
　　　　　（地址：沈阳市和平区十一纬路 25 号 邮编：110003）
印 刷 者：凸版艺彩（东莞）印刷有限公司
经 销 者：各地新华书店
幅面尺寸：130mm×185mm
印　　张：12.875
插　　页：4
字　　数：200 千字
出版时间：2019 年 11 月第 1 版
印刷时间：2023 年 9 月第 2 次印刷
责任编辑：于　芳
封面设计：关木子
版式设计：关木子
责任校对：周　文

书　　号：ISBN 978-7-5591-1255-2
定　　价：79.80 元

联系电话：024-23280070
邮购热线：024-23284502
E-mail: editorariel@163.com
http://www.lnkj.com.cn

亮城计

每日里都会思考一些关于光的问题

35 DESIGN
STRATEGIES TO
A POETIC
NIGHTSCAPE

许东亮 著
梁贺 绘

辽宁科学技术出版社
·沈阳·

目　录

序一

光——万物生存之基础，人类希望之象征。

由许东亮先生著的《亮城计》一书，是他多年设计研究的感悟和经验的积累，本书把他多年的设计研究成果和理念汇成书，献给照明行业的同仁，对照明行业的技术进步和发展有借鉴意义。

我是 2004 年 3 月 5 日在颐和园照明项目中初次与东亮相遇，给我留下了深刻的印象。多年来，许东亮先生潜心研究照明科技理论，有着严谨的学风，精益求精的设计，积累了很多实际的工作经验。本书的编写也是作者多年工作的回顾，有很强的知识性、前瞻性和实用性。近年来许东亮的团队做了很多、很好、很有影响力的工程设计项目，在成功的路上没有忘记照明行业的同仁。

本书内容丰富，哲理性强，又通俗易懂，几乎涵盖了照明应用领域各个方面，对我们照明领域具有启发意义，是一部很有价值的学习、应用、参考的文献。《亮城计》一书必将成为照明同仁的良师益友。

邴树奎

中国照明学会理事长

序二

灯光是一门综合性专业，是技术与艺术的融合，是科学与美学的碰撞，同时也是理论基础与实践经验的不停迭代。多年来，东亮的"多元身份"正契合这一点：他是照明设计师、建筑师，也是在夜景照明设计方面的灯光艺术家。他拥有丰富的理论知识，同时身处国内夜景照明设计的最前沿。从一定程度来说，他不仅掌握夜景照明专业设备、设计信息及发展趋势，更引领着未来国内夜景照明设计的发展方向，这也使本书更有专业指导及借鉴价值。

我和东亮有过多次合作，从厦门金砖五国会议，到青岛上合组织峰会，他的灯光设计理念及对城市文化气韵的把握都让我印象深刻，他的设计不仅充满人文色彩更兼具地域风情，他的设计是有温度的。我在他身上看到了一代灯光人的坚守，也更让我坚定"玩灯是一辈子"的信念。希望通过此书能让更多人热爱灯光，让更多人步入我们的行列。

沙晓岚

2019 年仲夏

吾光

从事了照明设计这个行当，每日里都会思考一些关于光的问题，经常会谈一些与光有关的话题，不时地走上讲台说一些关于用光的经历与经验。说得多了，有的就变成了文字。有议论，有心得，有总结，慢慢地可以汇集成册了，于是想编一本《悟光集》。这个悟光论有用心的，有不用心的，只能看作自娱自乐。悟字去掉左边的竖心旁，由悟光变成吾光就更贴切了。吾光就是我的光，解释权属自己，更可以独树一帜不必左顾右盼了。

吾光悟了哪些个内容，也需要说明一下。

做照明设计这一行，实际用光的领域很宽泛，跨度也很大。其中更多的是关于城市照明规划与设计，这个领域在我不知道城市照明规划是什么的时候就开始了，边学边干。做设计的时候交流的机会很多，与谁交流呢？大多是市长、县长、规划局长、市政局长、城管执法局长、电力局长、路灯处长。与他们交流多年，回想起来所付出也多，所学的也多，至今感觉大半关于城市规划的思考角度来自于政府领导。要知道能够在政府中当领导者，夸张地讲去世界上任何地方做任何领导职位都没有问题。中国的文化深厚复杂，人口众多，中国的政府运作也很复杂，问题处理到和谐平衡还要有建树，真的不容易，远比单纯的作设计来得深奥。往往有的设计师才到某城一两天就对城市高谈阔论，却不知多少年、多少任当地的政府领导对哪条马路哪条巷都了如指掌，张家长李家短也曾协调，因此我学会了谦虚，也不得不谦虚。

照明规划的做法，学了日本的做法，学了美国的做法，学了欧洲的做法，看了兄弟单位的做法，悟得吾法，明白照明规划法无大法。曾经也模仿凯文·林奇的边界、节点、路径、地标等做法。也用自悟的理解，城市需要名片故而得寻找名片之法，城市形态分类探讨法直至今天仍在探索中。可怕的是各地也有自创之法，比如说给我们搞个照明规划吧，搞完了马上招标找施工队施工了，十月份必须亮灯，如此等等。

遇到建筑照明问题，自认为学过建筑、古建筑属科班出身，做过建筑、室内设计，再做照明，简单，实践过程中却发现专业化有更加的深度和广度。也遇到各种类型的业主：开发商、私人老板、国营设计院、私人事务所，有国际的、有国内的、有国内国际合在一起的，还有国内的出到国外又回到国内的，认知做法各有不同。有的业主对建筑设计了解颇多，对灯光则不然，能说出你就把轮廓勾一下就行了的话来。有的业主对建筑最求实用，对灯光却寄予了莫大的希望，让我们使出浑身解数也难满足其想象力。过去与国营设计院进行项目对应时一般出场的是电气工程师，建筑师以前是难得出现的，一者是多一事不如少一事，二者是有的不知道还有照明设计师这回事。他们依赖的主要是懂技术的照明生产厂家配合。电气工程师呢，更关心你用哪个牌子的灯具和具体指标。有些私人事务所，或者国外回归的设计师，也许是在国外有这个专门化需求，配合起来理所当然，甚至会借灯光的畅想来丰富建筑的构思，沟通在每一个环节里都事无巨细。经过与各类建筑师的沟通，也悟出照明设计不一定需要在每个项目、每个环节上取得胜利。有时候很重要，有时候真的没有那么重要。

书中所记有不同时段的烙印，不同时期的想法，不同项目中的不同体会，有的也会前后矛盾，我也无意把自己的思想统一起来，完美自己。

文章大概集了三十五篇左右，多数与城市照明有关，原拟名为《亮城记》，联想古人名篇，定名《亮城计》。

好友梁贺，思域广博，知识丰富，善作漫画。委其插画多幅，释文更接地气，且增诙谐之妙，实属难得。书中谬误，在于学识所囿，只能求得诸位谅解。

第一章　入城

孤独的路灯

当下夜景建设研究做的学问偏多，研究看的学问偏少，于是做的热火朝天，看时却难以回眸。

说到计谋超群的人物当属诸葛亮，几乎是智慧的化身。小的时候就爱听三国的故事，尤其是"空城计"，觉得很过瘾。在印象中诸葛亮就是好人，很聪明；司马懿是坏人，好人骗坏人，当然高兴，当然乐。多年以后从事了城市夜景照明规划设计工作后，又察觉"空城计"是一个在极短时间内迅速完成城市装扮活动的成功范例，值得从专业的角度去审视。当然"空城计"的目的不同，不是让来者参观，而是让其望怯，因为来者是敌方司马懿的队伍。尤其令人佩服的是大兵来攻，多寡悬殊，诸葛亮却"吾自有计"。而且还作了详细的策划书："将锦旗尽皆隐匿；诸军各守城铺，如有妄行出入，及高言大语者，斩之！大开四门，每门用二十军士，扮作百姓，洒扫街道。如魏兵到时，不可擅动，吾自有计。"

我把诸葛亮的"空城计"归纳学习如下：
目的。展示城市之虚弱与平和，给敌错觉而拒敌至有效撤退。
载体。城市中的景观要素：城楼，城门，街道，商铺，还有人。
场景。城头弹琴效果，城市入口城门洞开敞通透效果，商业街景效果，街头老少环卫场面。
手段。战旗变蝇拍，敌楼变琴台，操刀变操琴，枪变帚，武士变成环卫工人。

孤独的路灯加上建筑的泛光才使夜间城的存在感增强。

2014 年摄于布拉格。

亮起来的城堡。2014 年摄于布拉格。

工时。包括为撤退的遣兵布阵，计大半天。

结果。演出成功，骗过聪明的司马懿，巧回汉中。

今天我们不能学诸葛亮上演"空城计"，但是觉得城市的夜景照明规划设计值得超过诸葛亮的细度去研究，因此我主张琢磨"亮城计"，去取代诸葛亮的"空城计"，为城市夜间光环境建设的目的手段场景投资寻找支撑点，为现在的和平生活添彩。

城市的夜晚要亮起来。为什么要亮，亮成什么样，什么样的夜景感觉才好一直是我们思考欠缺的地方，城市最基本的亮灯问题至今仍然是困扰着我们的难题。最近看到在日本颇受关注的丸丸元夫（motoo marumaru）先生主持的一些关于夜景的研究与推进情况，及其相关方面的论述，觉得该摘出来与大家交流。这位学旅游的人士，也算得上"大家"了，居然任"日本夜景遗产局"局长，不知是自己任命的还是官方指定的行政机构和官职，不过《朝日新闻》能做背后支持，可见其影响力。看其内容与主张，显然是属于深谙"亮城计"的高手。

一枝独秀的丸丸元夫先生关于夜景的研究推出了三大理论：一是建构夜景观光学；二是提出夜景遗产的概念，搞起了夜景申

镇江云台山云台阁夜景。城市地标对城市具有象征意义及识别性。
2015 年摄于镇江。

遗标准；三是观赏夜景要有能力要求，推行起夜景鉴赏士的考试制度。三大理论加实践在日本引起了不小的影响，讲演、出版，政府委托咨询好不热闹，据说香港夜景的日本宣传也委托了该局长。从一次关于夜景鉴赏的研讨论坛在网上被披露的情况看，参加人员包括地方政府官员、观光促进会成员、酒店经营者、景区管理者、夜景爱好者、其他领域等听者众，远超我们专业的照明设计论坛。

关于丸丸元夫先生的夜景理论，名目概略如下：

夜景观光学。从看夜景，游夜景，对夜景提诉求，夜景利用的研究，建立起包括从观赏到美学鉴赏行为的夜景综合学问。由此又派生出关联的诸多理论，如：夜景资源论，夜景交通论，夜景服务论，夜景信息论。从经济学的角度还可以衍生出夜景经济学。

夜景遗产论。把夜景作为观光资源看待，进一步与其他观光资源提升至相同的高度，固化为夜景遗产。丸丸先生已根据自己的评选标准，选出了日本夜景遗产多处，并建立相关数据库。

夜景鉴赏士。能像评价艺术品一样评价赏析夜景，需要有专业学习或素养才行，因此要设立考试制度，度量鉴赏能力。夜景

亮城的第一点就是计划把城墙亮起来，对于城市来说，城墙代表着城市的存在。
2012 年南京城市照明规划。

上：布达佩斯，成为夜景名片的城市风景。2014 年摄。

下：水边的建筑亮起来很有仪式感，像要迎接客人一般。古人的手段是清水洒街，黄土垫道。今日手段之一就是亮城。2016 年厦门城市夜景提升规划。

鉴赏士分三级、二级、一级，一级为最高。为此，丸丸先生还专门撰写教材，办培训班。

把夜景提到这样的高度，我想首先是为了解决夜景价值的问题，投资与评价问题。接下来研究有价值的存在如何去欣赏，这是解决美学的问题，实际上给夜景规划设计制定了可依据的任务书。至于资格制度的目的是建立起相应的队伍，就像一本书，有阅读者和写作者，体系才完整。

在夜景中研究"看"与"被看"的学问，我以为这是"亮城计"的基本所在。依我的从业经验看，当下夜景建设研究做的学问偏多，研究看的学问偏少，于是做的热火朝天，看时却难以回眸。说回来，看也是个文化问题，日本、韩国以及中国的港澳台地区，把旅游局叫观光局，旅游叫观光。想必从字面上"观光"更注重看，更讲究看的质量与学问。被看的对象相应地也就要提升高度去符合看的要求。大陆的旅游概念是强调走一回的感觉，没有停下来，或停不下来就看，当然看不细，既然看不细就不必做细，于是粗糙成理所当然。因此看各个景点景区的报道苦恼都是留不住客人。

当下宝马、奥迪的新款车显然也进一步融入了被看的意识，本来前大灯是照亮别人的，却意识到被看的需求，在灯上加上了像眼睛一样的 LED 双眼皮，这使得它们确实成为关注的对象，引起了话题。看别人的眼睛实际上关注的是眼睛被别人看，人尤其是这样。因此，美容、化妆的技术水平都很高。美容师的收入也高，化妆品的售价更贵。看看我们为夜景建设的设计师们收费几至免费，看看我们的户外灯具产品，越卖价越低越做越难看。

因此"亮城计"的概念主要是想唤起大家在"亮城"时多关注"看"与"被看"的问题，有个时髦的话题叫"互动"，相互看才能互相动。至于"计"，想必在各位心中。

重要景观载体布局，要找出代表城市特征的要素用光表达，同时限制非重点要素的过分装饰用光。2012 年南京主城区照明规划。

太欢迎你了!

注: 此文初成于 2010 年 1 月 28 日, 发表于《照明设计》, 是一年六期的专栏 "大家谈" 中的开篇文章。由于揽下这个任务, 随后在一年内写了计 6 篇关于照明设计方面的思考。

建在山上的观景餐厅眺望城市夜景，城市的人们也会看到山上这颗明珠般存在的餐厅。
2012 年摄于奥地利多恩比恩。

其实人的衣食住行言的趋同化早已开始，穿西装，吃快餐，住公寓，开汽车，同时猛练英语。

看与被看是孪生的一对。研究看与被看的学问是观察力进步的必然途径。有本书叫《视觉品味——如何使用你的眼睛》是由美国人詹姆斯·埃尔金斯（James Elkins）著，由丁宁先生译。书中罗列了日常生活中毫不相关的32种看的对象。比方说如何看邮票，如何看涵洞，如何看油画，如何看路面，如何看 X 光片，如何看古希腊 b 类线形文字，如何看中文和日文的书写符号等这些人工造物类内容；还有如何看肩膀，如何看脸容，如何看指纹，如何看青草，如何看树枝，如何看沙子，如何看蛾翼，如何看晕轮，如何看日落，如何看色彩，如何看夜空，如何看幻影，如何看晶体，如何看自己的眼睛内部，如何看一无所有，这些自然造物类中的内容。比如通常我们用树叶子辨别植物，面对冬天的干树枝，我们又能看到什么；当我们仔细审视沙子时发现它们是那样的不同且来自几万年前；当我们去看一幅油画时，会发现古老的油画的裂纹藏有大量信息特征；看看我们自己的眼睛，当你抬头凝视天花板的时候，视网膜上的浮游物会在天花板上飘来飘去。更想不到的是人只有两只眼睛，有一种贝壳类的动物却有 1472 只眼睛，家蝇的复眼约 4000 个，章鱼的眼睛像人眼，但大眼中据说有两千万个小眼（受光疱囊），很难想象它们是如何看的，又看到了多么的不同。因此，书的作者说这不是一本教人如何看东西的书，而是一本关于为了看而停

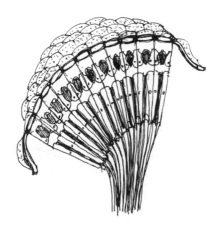

蝇眼的构造示意——无数的复眼一定能看到不一样的世界。

挪威奥斯陆。在大剧院的屋顶上看城市夜景，看与被看互成风景。
2009 年摄于奥斯陆。

下来花时间的书，停下来直至看到世界的诸种细节慢慢地展示其自身为止。看过该书我才悟出这是一本告诉你"情人眼里出西施"的书，肩膀、树枝、指纹、青草、沙子这些司空见惯的东西，被詹姆斯·埃尔金斯看的是如此的不同，如此的有哲理，如此的有魅力，如此的有意义。

让我们回到亮城计的主题吧。亮城的对象是什么，是城，看什么，看城的夜景，目的是什么，看出魅力、看出不同、看出价值。因此我想借用上述书名建议看城也要"视觉品城——如何使用你的眼睛"。

城是人造的。小的城是依附于自然的聚落，城的魅力在于城与自然的结合。真正成规模的城都是人类战胜自然的结果，因此造城的规矩成为看城的依据和美学准则。如中国的造城术有曰："匠人营国，方九里，旁三门，国中九经九纬，经涂九轨，左祖右社，面朝后市。"这样一种城的图形就浮现出来了。笔者为了看城方便就把城分了类：有山有水的就叫山水城市，九经九纬的就叫图形城市，有水岸相隔的就叫断面城市，有标志物鹤立城中者就叫地标城市。每种城有每种城的魅力，每种城有每种城不同的品法。

有没有价值，其实一目了然，古代筑城看风水，背山面水为上。古代筑城看方位，图形规矩为准绳，再有城中建九重塔百里相望为自豪。外国也有证：看可怜的埃及，方尖碑都被他国掠去，当成城中地标物。今日还有证：迪拜高楼已到800多米，试与天公比高，看谁能超？

有上述要素的，显然有价值。要亮城，就得找这些个要素来。其实中国早些时候已作过中国城市魅力排行榜，就是按这些个价值要素打分的。国务院还认定中国历史文化名城，说明那样的城市更有价值。

实际上现代城市在向市政城市（有道路和高架穿梭于城中的现代城市笔者起名叫市政城市）方向发展，城市在快速功能化和趋同化。为什么这么说呢？信息已经互联网，因此国际化开始主导城市形态和需求的方向。例如现代建筑就是无国界的，建到哪里都行，因为设计师在跨国工作，建材在通用。还有全世界的道路是一样的，高架桥是一样的，路灯是一样的，加油站是一样的，为什么会这样呢？因为汽车是一样的。还有国际品牌在各国是一样的，因此高档商业街白天晚上都是一样的。于是市政城市的夜景也是大同小异的，由荧光灯照亮的办公楼，钠灯照亮的道路（以后会是LED灯），带发光塑酯板雨篷的加油站，还有那个带麦当劳黄色光的"M"标志。花纹如蛙皮的LV的发光墙。其实人的衣食住行言的趋同化早已开始，穿西装，吃快餐，住公寓，开汽车，同时猛练英语。在这样的趋势状态下，我们还得找出有价值的载体，找出不同，找出价值。还要不放弃"品城"，法宝离不开"如何使用你的眼睛"。

为了品城，笔者斗胆把城分类为山水、图形、断面、地标，还有市政诸多类型城市，实际上在现代，城市都是综合的，应该叫综合城市。如何在综合城市中发掘有价值的载体，是亮城的前提与基础。但发掘载体并不只是设计者的事，钱学森同志就提出要建设现代的山水园林城市，易中天先生写了一本《读城记》，读的就非常高明，我们设计师只有请教的份儿。"读"透才能"品"，有"品"而后"赏"。

谈到品城，实际上"品"主要讲究的是速度问题。慢至静乃至止方能得个中三昧。欲速则不达，就像品茶一样，坐下来慢慢地嘬。哪有坐汽车品城的，走马观花都要不得。品城还有一个重要条件是在哪里品，看戏无论头等座、二等座、普通座要有座。看城也需绝佳处，就是观景点，有自然条件可利用者为上。如重庆的一

台北淡水，观海的人们成为一道风景。水在波动中，光告诉了我们。坚硬的防波堤上，人们似乎在想着做着什么，那是剪影在说。堤上的人们在观海，岸上的人们在观海和堤及堤上的人们。2016 年摄于台北淡水。

塞维利亚，为观景而设置的城市天台。夜幕降临，人们纷纷登顶看城市夜景。
2014 年摄于塞维利亚。

棵树，将渝中半岛夜景尽收眼底，可谓天下第一自然品城点，当然城本身的夜景是不是为品而建也被"品"了。还有上海，天赐黄浦江形成的外滩也是一绝佳品城线，浦东的高楼大厦连同倒影的夜色像宽荧幕一样被品。没有品城位置谈不到品城，自然条件不好的怎么办，人造观城点。北京超高层酒店银泰中心最顶层的设亮餐厅，餐厅着实挺暗，观城确实挺全面。

品城还有角度问题，应因城而观。前面提到的山水城市要选能见山见水见城的角度，而图形城市首推鸟瞰，看断面城市要建设滨水走廊，地标城市条件就宽松一点。一个城市包容了上述多特点怎么办呢，那就多设点吧，公司大了还设分部呢，道理亦然。品城是设计师首先要琢磨的事，就像厨师要选料备料一样，用光就同厨师看火候一般。

写到搁笔处，忽然想到今天（3月27）是地球一小时日，就是倡导全世界晚上熄灯一小时，其中特别提到了像中国的水立方、东方明珠，法国的埃菲尔铁塔，悉尼的歌剧院等，想必是这些景观的夜景举足轻重。

其实想要熄灯的就是希望亮起来的。

"你是买车还是买车灯，乱弹琴！开车的时候又看不到灯。"

注：此文初成于 2010 年 3 月 27 日。当时想学习对城市理解的路径，看了易中天先生写的书，也读了关于视觉学问的书。其实建设夜景的目的是为了欣赏夜景，从这个角度看，建设观景点也是同等重要的事。可惜这方面直至今天很少听说对于观景点的建设和经营。这点上欧洲及日本的经验值得借鉴。

巴黎罗浮宫玻璃金字塔的照明在克制的环境中突出结构的张力。
2011 年摄于巴黎。

我似乎明白了设「戒」的道理。基督教能够发展，是不是摩西的《十戒》起了作用。中国革命能够成功是不是与毛主席领导的共产党执行的《三大纪律八项注意》有关。

用戒律来规范设计，是不是有点过时。已是多元化的时代、网络时代、无中心的时代，还去用落后的方法说教，行吗？神六、神七上天后又准确地返回地面，技术已至这般！

可是回头看看，偏偏我们生活的基本要求，还是没有章法，基本靠不住。喝牛奶有三聚氰胺，咸菜里有苏丹红，馒头里有染色粉，炒菜里有地沟油，大西瓜里膨胀剂在助威。蔬菜涨价，菜农的菜却烂在地里，流通中的规则显然出了毛病。房子遍地盖，工薪者却蜗居，目的宗旨产生了问题。本来菜是为吃而种，房是为居而盖，道理简单至极。

我似乎明白了设"戒"的道理。基督教能够发展，是不是摩西的《十戒》起了作用。中国革命能够成功是不是与毛主席领导的共产党执行的《三大纪律八项注意》有关。

自己的事务所设计工作伊始，抱着专业主义的思想与理想，将受教育不同、专业不同、水平高低不同的众多年轻人集结到了一起，让大家握住鼠标搞起设计当起了设计师。理所当然，公司是一个，对外水平只能一致。因此是任个人百花齐放、参差不齐，还是整体上要维持基本的专业水准，我觉得只能选择后者。

就像理发店，初学者只能练习剪假发。于是，从一开始工作我们就反复强调，照明设计要尊重载体对象，尽可能不对建筑外观用灯条勾边的手法表现轮廓。后来为了防微杜渐，干脆明令禁止灯条勾边的设计手法。在实际工作中，又发现谈到用色彩，大多会七彩尽显，谈到变化、速度又会与刘翔比翼。于是又定出色彩一般只用三色以内，除非全彩屏图像要求，变化速度设定时间要求，否则不允许出现不同色彩的快速闪动。说了，做了，到现场去看结果，实际场景仍然是"哗哗"的变，色彩仍然是村姑般的花。因为还有设计师对勾边恋恋不舍，厂家、施工单位或者业主的思想还未统一，亦有偏爱，他们的一方也会犯戒。

为了我们的光环境能让城市的夜景更美好，为了维持载体外观品质不受灯具设备的无端侵扰，只有主张强化知识技能，伦理观念，树立正确的价值观，摒弃陋习与低俗，锻炼审美能力、构思能力、研究能力，才能避免在基础问题上爬行。于是胆敢设戒十条如下，以正照明设计用光之风。

一、戒勾边，除非建筑载体之丑胜于轮廓灯。

二、戒光色斑斓快速变化，除非是节日盛装或图像要求。

三、戒装饰光背离对象载体，除非你是在玩灯光秀。

左：奥斯陆码头综合开发，照明的功能需求与商业需求和谐统一，
成为高品质光环境街区的典范。2016 年摄。
右：纽约第五大道商业建筑，利用内透光丰富的表情充实街道光环
境是最好的装饰。2014 年摄于纽约第五大道。

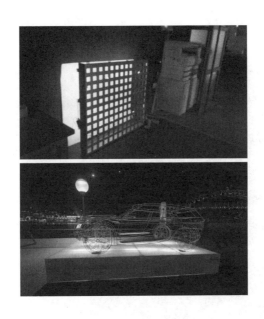

上：样板光效试验。

下：2011 年悉尼灯光节期间的装置作品。

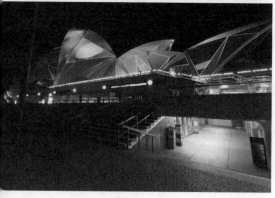

上：2011 年悉尼灯光节期间对湾岸建筑群的灯光色彩渲染。

下：2011 年灯光节期间在悉尼歌剧院上的投影。

四、戒大型投光灯滥用，除非你想把光抛于千米之外，眩天眩地眩人。

五、戒灯具外露，除非设备能融为建筑构件的一部分。

六、戒立杆灯重造型轻配光，除非场地只需要摆设，或只想看灯不想见人。

七、戒布灯过度，除非你愿意为工业流水线做贡献，为能源危机做帮凶。

八、戒过度依赖电脑，除非你对真实的光体验过敏，对虚拟空间想象异常过人。

九、戒代替厂家工作，除非你想改行卖灯。

十、戒脱离现场,除非你不想纠正设计时的失误和安装中的偏离。

单单十条，只是象征。能做到十条，就封为达人。起步是戒掉某些不良的设计状态，剔除粗暴手法，创造优雅并能踏入专业领域，目标是迈上更高的专业层次。

怀揣十条进行实景考察，也能为夜景良莠做出分辨判断。这次受邀参观了澳大利亚悉尼灯光节,感受到了用光的克制与专业，以及灯光在城市中的秩序，虽未见不可逾越的高科技、高难度手段，却感觉背后似有专业的思想和戒律的约束。也许是悉尼的城市景观框架好，从观景点回看城市夜景，背景办公建筑透出的是室内工作的灯光，历史建筑表皮投射了有克制的装饰光，滨水的建筑为灯光节局部染了色，重点景点如悉尼歌剧院等成了大秀灯光魅力的主要秀场。在游客的动线上，点散了灯光艺术作品，达到近尺度观赏与参与的目的。远可观，近可游，几个灯光层次秩序井然，按下快门，就会轻易得到一张夜景的明信片。这样经过专业的考量和策划设计，其结果对游人对设计者自己都算是个够层次的交代。常在国内一些地方城市走，喜欢拿起相机支起三脚架拍夜景，苦恼的是找不到测光的焦点。亮度中心点太多，使相机自动曝光系统乱了套，不知追哪个光，不知盯哪个点。只能调低曝光量，回家 PS 图片。

选几张悉尼灯光节期间笔者拍的照片。有层次的夜景观，促使我的摄影水平也有"被提高了"的感觉。

我得找一条光明的路

注：此文初成于2010年5月，独立运营照明设计事务所近五年。就像一个公司要有员工守则一样，设计行为在基本美学层面也要有规矩，在规矩之上才是创新，于是戏作设计十戒。

灯具设备与建筑能否紧密结合是拷问专业功夫的。
2017 年郑州绿地中央广场建筑外观照明深化设计。

也许你还有可能知道一些更深远的事那就更好。

比如历史上的巴黎改造计划是谁做出的，他是专业人员吗？

西班牙的圣家族教堂是怎么搞的，怎么到现在还没盖完。

为什么照明设计师美国最多，为什么灯具设计师大多来自欧洲。

说到光设计的戒律（十戒），想来是对操光者的手段做法放心不下而出之生硬下策而已。对于专业从事光环境设计的人员，或称为照明设计师或专家的，一定不是基于最低要求为目标去工作的。就像学生一样最低要求是 60 分，低了就毕不了业。戒律是为防止跌落 60 分而设的，因为 60 分以下是不能称为专业人员的。看职业竞技比赛就能明白，设定向上的段位才是判定专业水准的尺子，如厨师的级、柔道的段、围棋的段等。专业人员必须是在微差里见功夫的，就像围棋高手下棋常常是以半目论胜负一样。专业积淀的水准基础已至细微处，于是成就了专业的境界。专业工作同时需要专业外的拓展，因此专业工作者要有专业工作者的状态。

我不敢给照明设计专业设段，只是笑谈专业段位之事，胡乱设段写在下面，邀好趣者对号入座，求得一悟而已。超高级的专业设计师是超越段位束缚的，将晋升为大师和院士，此处不能议。我自认为有三至五段位水准，六至九段视为理想目标。

照明的目的永远离不开基本的要求——就是照亮，满足基本的照亮功能要求之外，你将光提升到了哪一步。

一段　达到设计标准要求。达到照度要求，配电合理。

二段　考虑空间亮度要求，设备隐藏到位。安装构造合理，控制眩光符合要求。

三段　理解建筑设计思想，光分布与建筑或环境载体协调，剔除照明设备的影响。

四段　意识光影明暗，协助解决建筑的动态流线要求。

五段　深入解读建筑及环境设计，用光提升造型和空间材料的表达。

六段　意识到光的时间属性，设计从自然光到人工光的连接。

七段　设计意识与环境意识并存，思想与社会动态相关联，倡导减光行动。

八段　能超越光，提升光，论光。

九段　在黑暗中品光，预知光。

俗话说功夫在画外。没有关联知识的积累，做设计是很难的。对于照明设计师来说，关联知识，就是设计路上布下的阵，需要破解而前行。因为设计工作需要与关联的专业设计师对话下才能完成，要听懂他们的语言。为此首先要认识他们，不妨列举一下需知晓关联设计师的数量要求，看看你是否读过他们，读懂他们。

光与质感：材质与肌理与用光的角度有关，用光让浮雕更明显地浮起来。
2011 年摄于鄂尔多斯伊金霍洛大剧院。

经典建筑在夜晚呈现的状态是明暗相间的，用灯光表达历史的厚重与力量感。
2014 年摄于巴黎圣母院。

用光时分析光与建筑性格的匹配，氛围是光与影子同时创造的。
2010 年摄于杭州黄龙洞公园。

国际 100 位有名的建筑师。

国际 50 位有名的景观设计师。

国际 30 位有名的室内设计师。

国际 10 位有名的产品设计师。

国际 100 所有名的设计院校。

国际 100 项知名的建筑、景观、室内及照明设计作品。

中国 100 位建筑景观室内设计师。

也许你还有可能知道一些更深远的事那就更好。比如历史上的巴黎改造计划是谁做出的，他是专业人员吗？西班牙的圣家族教堂是怎么搞的，怎么到现在还没盖完。为什么照明设计师美国最多，为什么灯具设计师大多来自欧洲。

我们还需要看看专业照明设计师对专业的认知，会促进我们在专业上靠近他们。

路易·克莱尔：对灯具能提出 72 项要求是必须的。

姚仁恭：做照明设计师，应该有建筑和室内的专业背景，这是必须的。照明设计师是上游设计师的建议者和顾问者，照明设计以"不过分"为专业。

面出薰：向自然学习是必然的追求，设计光等于设计影子。

石井干子：照明设计是不断追求新的创造性的行为，不是资质规定的专业。

周炼：照明设计是一种功德。

做了照明设计师，清晨早起，旭日东升，闭目自省，我提升光了吗？有这样的专业精神，哪怕向前一小步，水平会提高一大步。

在科技方面，经常会看到更专业的例子应为我们学习的榜样，比如神舟飞船发射到回收，控制已到精致。神舟八号和天宫一号成功对接，给我们展示了专业的水准和对未来的信心。摘录十分钟内太空之吻的八大步骤，以示激励。 第一步 "相撞"，第二步 "捕获"，第三步 "缓冲"，第四步 "校正"，第五步 "拉近"，第六步 "拉紧"，第七步 "密封"，第八步 "刚性连接"。人工光的未来，我们的榜样在神州，我们的理想吻天宫。

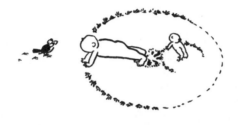

哥哥你画的圆真大

注：此文初成于 2011 年 8 月 28 日，2011 年 11 月部分增补。1985 年我开始学习下围棋，至 1988 年习得基本定式与同学友人能对弈几局取乐。棋艺虽初级，却也悟得棋理几分。知道段位越深，下子越精确，越是高手对局，胜负越看每一步棋积累的微差优势能否坚持到终局取得胜利，而专业棋手对于基础的定式下法及得失已是烂熟于心。也联想到照明设计应该像学习定式一样，学习理解相关设计领域大师的设计手法和经典案例，充实自己。

办公场所的完备是执业的要求。

回头再想想，哪个照明设计师能有大厨风光，国家领导接见，国际交流，电视节目黄金时段高调亮相同台比武。

专业与不专业

照明设计也开始专业化了。有了专业资质要求，有了照明设计师的职业认定，因此照明设计的市场开始热闹了起来，业主也开始请专业照明设计师了。专业不专业怎么区分，很简单，开了照明设计事务所做照明设计就专业了，其他无所属的人做设计自然就不专业了。照明界的这股热闹劲，连其他行业的也很是羡慕。

我有个同学，著名大学的教授，做建筑设计在国内已很有名了，作品也丰。开了个工作室，叫"基本建筑工作室"，他还认为自己的设计只能解决基本问题。还有另外一个更有名的同学，博导，搞建筑在国际上也有名了，自己办了个工作室，叫"业余工作室"，老觉得自己的设计不专业。还有一位名大学的建筑系教授，多年来一直研究什么是"建筑"的课题，且带了几届研究生专攻。多数同行不以为然，不知诸位从事建筑照明的照明设计师谁知道什么是"建筑"。

再说是否是学什么做什么更专业。先说在建筑界，顶级的大师非科班出身的大有人在，如密斯、莱特、柯布，还有当红的安藤忠雄。不学照明搞照明设计的好像更多。

什么出身的人能搞照明设计。说实在的,我进入照明行业时也没底,到现在更没底。工作起来才知道,照明设计需要多方面相关专业的能力:建筑学,环境艺术,光源与照明,城市规划,电气工程与自动化,那我得上几个大学呀。只好仗着自己有一点建筑学的功底,往自己有利的方向拉。有时候想一想,我是照明设计师我怕谁,剃个光头向前冲吧。华尔街那么多金融专家,还不是把美国搞砸了。

照明设计师与厨师

成立公司后签合同开发票时业主要求我们开服务类发票,登时明白我们从事工作的性质,本来想象的潇洒浪漫,自我满足,天马行空的感觉顿被棒喝,知道原来我们的职业很普通。联想到照明设计师的职业划定与厨师并在一起很多人备感屈辱,"我们是白领,我们是高智商,怎么能这样。"不知道舞台灯光师作为技师这么多年来与厨师并列是怎么过来的,照明设计师刚入道看来很不适应。

回头再想想,哪个照明设计师能有大厨风光,国家领导接见,国际交流,电视节目黄金时段高调亮相同台比武。

《照明设计》是行业里的专业向导，起点依靠的是精英的专业背景，执业也是专心致志，唯有主持吴刚先生不务正业，背包大江南北搞设计，问及原委才知好端端的一本杂志原来是"砸钱之志"，要靠外业来补贴。我说你这可比大厨差多了，大厨哪天不是鸡鸭鱼肉的。

平心而论我觉得照明设计师作为职业被劳动部认定已经非常了不起了。职业是什么，是你实实在在从事的工作，专业是什么，只能是你曾经所学的。劳动部的职业认定更看重你从业多少年。我们以前都没有"职业"归属，哪还能谈得上"专业"，甚至还敢"执业"，敢与厨师比，我有点后怕了。

播种与收获

无论如何，年轻的行业往往是充满斗志活力的行业，年轻的行业往往也是需要探索的行业。可幸的是许多照明相关行业的老前辈已经在这个行业上耕耘多年，孜孜不倦，留给我们一块洒满专家前辈劳动汗水的沃土，接下来我们需要在这块沃土上播种了。我们需要小心翼翼，我们需要专心致志，不能毁了这土地。我们更要耐心等待，等待种子慢慢发芽才能开花结果。听说前一段时间考古发掘出 2000 年前的种子据检测说仍然有生命力，

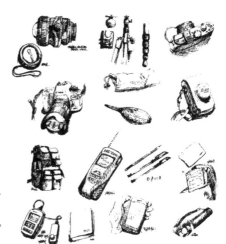

背包、相机、广角镜头17mm、
变焦镜头24～70mm、三脚架、
照度计、测距仪、手电筒、
速写本、手机、钱包、名片夹。
背起行囊，观"光"开始了。

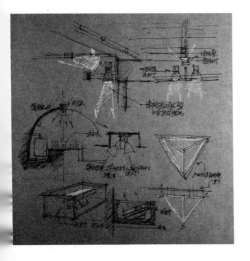

研究灯与光结构空间的关系
是职业的日课。

天上的蟠桃是 500 年一开花 500 年一结果，修成正果看来是急不得。

《照明设计》的同仁辛苦 5 年了，早想着收获了吧，但是不急，我们盼望的（照明设计）是蟠桃，不是草莓，草莓在郊外门头沟里马上就能摘到。

《照明设计》是行业内联系大家的纽带，感谢她指引职业照明设计师更专业化，我们的社会吃饭的人固然多，看杂志的也不少，看杂志就看《照明设计》吧，但请照明设计师不一定找我。

我得找一条光明的路

注：此文写于 2009 年 5 月，是为《照明设计》五周年特刊而写，是对职业化任重道远的感慨。经过 2008 年奥运会，照明也被推到世人瞩目的地位，人们对 2010 年的世博会也充满期待，LED 的开发应用掀起高潮。

再议建筑师对待专业的态度，还能想到几位建筑师的工作室名称：本土建筑、本原建筑。生怕脱离基本点。当然也有超脱一点的，如非常建筑、理想建筑、大家建筑等。

在黑暗中光意象的生成与画家的描绘过程有点相似。
摄于 2013 年地坛灯光节，"居者有其树"。

无论如何，在城市中，我们有超过一半生活是处在人工光环境中的，

我们不能不面对，更不能忽视光环境存在的优劣。

照明设计与其说在构想舒适的光环境，不如说在创造光下的生活，

这就是操纵人工光的价值。

在城市中，我们很多时候要在夜间迎接远道而来的客人，

张灯结彩自古以来便是最高的礼遇。

多年前，我开始从事照明设计业务时，被问及最多的问题是"你主要是经营哪几个牌子的灯具"。这令我回想起 30 多年前，当我要进入大学学习建筑学专业时，就曾有人问起："建筑设计是否是能把砌砖的数量计算到每一块的那种？"当然与建筑设计相比，照明设计在我国乃至世界还是个新兴职业，我们知道维特鲁维撰写《建筑十书》时约在公元前 27 年。

那么，什么是照明设计师？他们又从事什么样的工作？成为照明设计师应该具有什么样的条件与素质？对于业主，对于城市环境，对于建筑空间，对于社会，照明设计能够带来什么样的价值？回答这些问题，也就成为我们设立专业照明设计机构——栋梁国际照明设计中心的缘起。

照明设计师就是从事照明设计职业的设计师。他与建筑师、室内设计师、景观设计师一样从事设计，只不过使用的材料单一，那就是光。设计图纸也可以称为布光图，用来落实设备产品的图就是布灯图。2006 年中国照明设计师职业获国家劳动和社会保障部批准，至此说明中国有了照明设计师这个职业。虽然做这类工作的起始点更早，但电光源的发明只有一百多年，国际上开始有照明设计这个职业估计也不超过百年。

按照辞海的一般解释：照明是利用各种光源照亮工作和生活场所或个别物体的措施。利用太阳和天空光的称"自然采光"；利用人工光源的称"人工照明"。照明的首要目的是创造良好的可见度和舒适愉快的环境。就是说照明设计就是利用光进行环境设计。

因为要凭借光从事环境设计，这项设计工作不能脱离环境，所以，要想成为一名真正的照明设计师，首先要具有作为一般设计师的素养，要能够理解环境、理解建筑及室内外空间，掌握空间构成方式与材料的性能特点，从而恰当地用光表现载体和空间。因此，经过建筑学、城市设计、环境艺术、室内设计等方面专业学习的人是比较具有基础条件的。

当然，对光的理解，对光与环境的关系的理解是该专业的核心。但从定性的感受、表现、创造到定量的核准、科学准确的计算，对光应用的全过程都要了解掌握。光虽然也具有物质性，但与建筑材料等物质在感受上完全不同，它首先是来自发光体扩散的能量发射，如何达到合目的性的照明，需要对光进行限定设计。因此，照明设计也被称为是控制光的学问，就是如何在适当的时间、适当的场合把适当的光通过适当的器具控制传递出去，

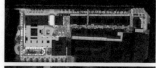

左上：可以坐的地灯灯体出模。

左中：布光量的计算就像绘一幅画，设计师需要对明暗的平衡很敏感。

左下：照明设计师要把握现场的灯光效果，这是无可替代的经验工作，也是眼力与专业修养的检验。

右：尝试做灯杆，赋予街道秩序挺拔辨识度。

达到某种功能的或景观的目的。这里又牵涉到几方面的知识，如光学的知识、光控制方向的知识、电气控制原理方面的知识等。以上这些仅仅是作为照明设计者所应具备的基础条件。

在早期，有两方面的照明设计业务已独立存在。即以舞台、电影及展示为中心的灯光师（Stage Lighting Design）和照明产品设计师（Product Design）。前者主要是辅以创造如表演等非日常光环境为主，其服务范围是电影、广播、演出等特殊领域。后者主要是照明产品、光学、机械和造型方面的设计，主要服务于制造商。还有一类是建筑方面的照明设计师（Architecture Lighting Design），主要进行城市景观、建筑、室内外空间光环境的照明设计，也是我们这里要探讨的职业。20世纪40年代在美国就已出现了职业的照明设计师，如被誉为照明设计之父的著名照明设计师理查德·凯利（Richard Kelly 1910-1977），他开创了照明设计的先河，他曾配合建筑师菲利普·约翰逊完成了位于康涅狄格州新迦南的自宅玻璃屋，配合路易斯·康完成了位于得克萨斯州福特沃思的金贝尔美术馆，配合密斯·凡·德罗完成了纽约西格拉姆大厦的照明设计，这些设计至今仍被奉为照明设计经典案例而存在。

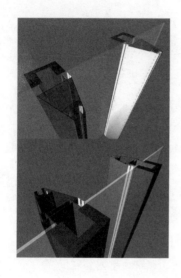

左：对建筑细节的研究促进建筑部件与灯具设备的良性结合。

下左：照明设计培训，对于探讨照明设计，大家的热情都很高。欧普照明总部照明设计培训，2016 年。

下右：培训促进相互间的交流学习。欧普总部照明设计培训，2016 年。

当然，独立的建筑照明业务在过去的时间里并没有受到建筑师以及公众的普遍认知，这一行业大部分属于建筑或者电器和产品设计的范畴。如建筑师承担了光环境意念的表述，照明工程师承担了属于设备方面的光源、照度、照明设备设计、电气回路布线和照明控制等工作，大致可表述为以下的关系。

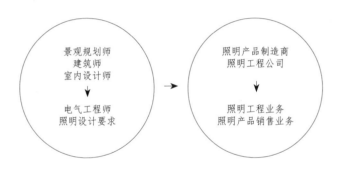

通常建筑师应该是总揽建筑、设备及投资造价等相关内容的总协调人。建筑师对光应有自己的想法，但要建筑师亲自进行非常专业的照明设计，从时间、精力或知识深度上都会表现出不足。同时，由于建筑师往往对自然光处理有较大的兴趣，将人工照明作为技术问题而处之，将它留给室内外装修设计及电气设备设计。这必然会影响建筑的完成度，甚至使用功能，照明设计师正好能承担该部分的工作内容。就像室内设计从建筑设计中部分分离出来一样，由于一个独立业务的加入，使得该项工作的品质得到了保证，深度得到了拓展。在 21 世纪的今天，照明设计业务作为独立业务形态的出现是必然的。它能起到对城市景观设计、建筑设计、室内设计的深化和专业化的作用。并对电气工程师、照明产品制造商提出要求，把握其品质。因此，照明设计师在如下的链条中起到了桥梁作用。有时业主也会把专业设计拆分成：

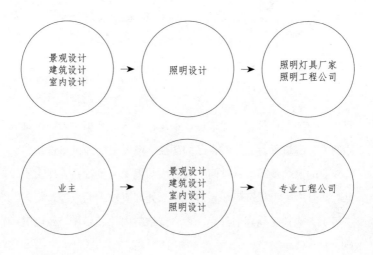

上：伊金霍洛旗全民健身中心。用光表达细节是专业照明设计师的工作。

右：一个项目的照明设计着手时首先是对建筑的深刻理解，在此基础上构建夜间想象的场景。

照明设计师不是建筑师，也不是电气工程师，具有多重关联的特点。因此作为一个照明设计师需要掌握诸多方面的知识，要拓宽自己的视野，不断学习，同时要经历现场的不断实践，总结经验。有的专家把照明设计师称作"匠人"，恐怕就是为了强调这种切身磨炼的设计特性。虽然采用电光源的照明历史只有 100 多年，但照明的发展，新技术的出现可谓日新月异，需要专业人员跟上时代的步伐。从照明设计师的工作内容衡量我们的队伍，理想的人才梯队还在逐渐形成，这需要全社会的关心与扶持。在知名大学的照明学会等组织、教育中，都已在积极推动有关照明的教育与研究；照明设计事务所在增多，包括国外事务所的进入，厂家、工程公司也开始重视起了照明设计环节；同时有数种照明杂志在出版，这些都是这一行业的可喜进步。相信将来会有更多人来关心照明设计行业，也相信会有很多设计师加入到该行业中来。

目前国内的照明设计业务承接大致有以下五种形式：1. 以大学等研究机构为背景的照明设计研究所或工作室。2. 以建筑、景观、室内设计公司的专业化照明设计部门而存在。3. 以产品开发、设计制造厂商为背景的照明设计部门或机构。4. 以照明工程公司为背景的照明设计部门。5. 以照明设计师为主的独立照明设计师事务所。理想的照明设计师事务所当然应该是上述几种形式的优势组合，涵盖设计、计算、测试、开发、培训等功能。

照明设计的独立业务是承接建筑景观室内工程中的照明部分设计。设计的目的是实现设计方案的构想，完成作为设计作品的愿望，收入仅以照明设计费为报酬。设计过程要与建筑、景观、室内设计师对接，与业主方对接，完成从设计方案到施工图纸现场服务等的全面设计工作。

照明计算业务是对照明提案进行检证并提供依据的业务。由于专用软件的普及，此项工作已为技术性熟练工作，对可进行计算机操作的人员进行培训后，就可初步完成计算。当然，如果有设计基础的人熟练此项工作后，可促进对照明设计的准确性把握。

器具设计业务一般由厂家自主完成，也有专门从事这个业务的独立公司或事务所部门。在照明设计项目中除了使用一般的标准灯具外，还必须使用与建筑形式相吻合、与布光效果相适应的特殊灯具，因此常常需要对器具进行再开发研究，这项业务就与项目的设计融为一体。

上：裕达国贸配楼扩建，表皮内侧的光
将建筑的玲珑感增强了。

右：大连高新万达广场。对应于时代的
发展和技术的进步，照明设计师的职能
内涵也发生着变化。2013年摄于大连。

测试、试验业务来自于对照明设计结果准确把握的需求。有条件的话，对器具进行测量、对效果进行试验的测试室作为附设机构比较理想。它可以配合器具开发部门进行开发工作，对设计方案进行佐证，作为独立业务，也可以对厂家产品提供测试服务。

设计技能培训业务是提供专业人才的有效途径。中国的照明市场还处于发展阶段，人才比较匮乏。从根本上讲，对照明的认识及知识的普及尚有很远的路要走。同时，灯具厂家却如雨后春笋般建立。技术人才的不匹配导致了产品品质的下降，培养人才已是关键。对照明事务所设计师进行设计技术培训有利于提高专业性。这些工作在大学和研究机构及学会中已有展开。但作为照明设计公司，如果能够积极开展此方面的活动，也会收到很好的效果。

与建筑设计一样，一个照明设计的作品从构思到实现还要经历一个相对漫长的过程，因为光要借助和跟随建筑或环境作为载体去表现。在确认方案阶段，要采用缩尺模型、足尺模型、现场实验，计算机模拟等诸多手段。在施工中，还要对现场效果进行确认。如灯位、灯具确认，光色亮度的确认，照射方式确认。

施工接近尾声时，更要对光进行对焦等全面调整，以达到预期的构想。作为照明设计的大致流程可以划分如下几个阶段：

一、调查沟通（确立设计任务书阶段）

·与委托方、环境设计方（建筑、景观、室内等）进行充分的沟通

·认识理解环境／建筑景观／室内方案的功能、性能、定位

· 研究类似的案例

·构思光环境的基本策略

·确立照明的初步构思提案

·进行投资与运营费用的分析，估算造价

二、方案设计（提出照明设计方案阶段）

·空间、功能的区域界定划分

·光的规划布局，效果的展现表达

·选择照明方式及适应不同要求与场景的控制方法

· 照明器具的初步选择及设计

·构思设备安装节点细部的草案

·确定投资概算与能量消耗

· 灯光的初步模型试验

三、深化设计（对设计方案的落实阶段）

·与建筑设备等方面的协调、落实照明方案

·深化灯光设备布局

·深化细部安装节点

·确定灯光控制方式细节及灯具与配件标准

·灯光效果的模型试验与现场样板试验

· 确定光的强度、辉度、色温、色彩、照度、控制运行状态等

四、施工图纸（作为施工依据的设计）

·选择设备完备清单／确定光源灯具的详细技术指标

·灯具设备详细布置图／细部大样图

·电路及控制设计图

·能耗及投资预算

五、现场监理（对设计的执行监督与条件变更时的应对）

·现场变化对设计方案的调整与确认

·灯具的样品及配光认定

·现场灯光效果的样板确认和调整

· 最终布光的现场测定和调整

· 验收竣工及设计结果的摄影记录

·竣工资料与运行说明书

照明设计的涵盖范围很广，大到城市，小到一只灯具。本身专业跨度也很大，如道路照明、体育场馆照明、医院、学校、博物馆、农作物照明、车灯照明等不一而足。通常的照明设计业务是主要围绕建筑、景观、室内设计而言的一般性照明。尽管如此其业务也要涉及如下多个业务门类，需要专业内的跨界。

（1）城市夜景照明总体规划设计。

（2）城市街区、风景区、公园、广场照明规划设计。

（3）商业街区、大型居住区照明规划设计。

（4）城市标志物、桥梁、市政设施、广告、滨水区域景观照明规划设计。

（5）节日庆典照明规划设计。

（6）各类建筑外观装饰照明设计。

（7）各类室内空间照明设计。

（8）特制灯具设计。

（9）灯光艺术作品创作。

如何表达好一个项目的照明设计方案，完成照明设计全过程，是我们一直努力探索的方向。未来的照明设计是什么样的工作方法，现在还说不清楚。不过可以肯定的是，LED 光源的研究发展带来的革命会重新定义基本概念，比如色温、显色性、色彩、效率等。LED 光源是一个半导体元器件，无疑它的掌控与科技的关联越来越密切。过去我们向自然学习，现在我们仍然从自然界汲取灵感，将来我们肯定不得不模拟自然，到时也许是半导体控制系统专家左右照明设计，也许 LED 也会被更先进的光源取代。这些都与照明设计的未来有密切的关系。

无论如何，在城市中，我们有超过一半生活是处在人工光环境中的，我们不能不面对，更不能忽视光环境存在的优劣。照明设计与其说在构想舒适的光环境，不如说在创造光下的生活，这就是操纵人工光的价值。在城市中，我们很多时候要在夜间迎接远道而来的客人，张灯结彩自古以来便是最高的礼遇，因此夜间光环境设计是其中很重要的一环，它的重要性也会延续到将来。

对于这个发展中的设计行当，存在有诸多称谓：如称作"照明设计师"，主要指向为建筑设计的配套专业，已逐渐被认知成为固定的名称；称作"灯光设计师"，更趋向场景的表达，往往与舞台美术联系在一起；"作泛光照明的""作亮化设计的""作夜景照明的"多是来自城市市政管理人员的昵称。说真的，光环境设计师称谓比较全面，又可纳入控制利用日光的综合设计，可惜在有关部门找不到准确的分类。没关系，这些都是我们的行当，正如古人除了名以外还有号。上帝说要有光，于是就有了光，愿这光能照亮探索用光设计者的路，我们走在光路上。

请问，哪里有照明设计师培训班啊？

注：2004年开始我就想独立的照明设计事务所应该怎么开展工作，设置什么部门，涉足哪些领域，招收什么基础知识背景的员工，提交什么样的设计成果，创造何等价值，这几年也在用实践尝试验证这些想法。随着都市生活工作向夜间的延伸和扩展，灯光在不同层面的需求升级了，对照明行业的关注度提升了许多。这促使了专业领域的发展与繁荣，超越了2004年当时的畅想。

第二章　筑城

1963 年，理查德·凯利用现代的建筑空间眼光定义摩天楼的照明方式。

「洗墙」就是用光把墙打亮，从建筑设计的角度看就是打亮空间界面，是界定空间的手法。

从视觉角度而言，垂直照度对于人在空间中的感受更为重要，垂直面照明会使空间感觉更明亮。

这个手法在今天得到广泛的应用，成为用光划分空间的手段。

被誉为现代建筑照明之父的理查德·凯利先生

现代照明设计实践起源于人工光普及使用以后，因此离我们很近；现代建筑运动也兴起于21世纪初，离我们不远。

早早地，有一位叫理查德·凯利（Richard Kelly, 1910-1977）的照明设计师就穿梭于现代著名建筑师之中，创造了属于照明设计的经典，被后世誉为"现代建筑照明之父"。其中有三个经典之作值得回味：第一是为配合著名建筑师菲利普·约翰逊的著名作品私宅玻璃屋的灯光设计；第二是为配合密斯·凡·德罗设计的西格拉姆大厦的灯光设计；第三是为配合路易斯·康的金贝尔美术馆室内光环境设计。

玻璃屋建成于1949年，森林之中，四面通透，只有盥洗的卫生间设置在圆筒之中，达到了通透的极限。白天看景，景致尽收眼底。在院子里看建筑，能看到对面的树，通透无比。夜晚的灯光怎么做，理查德·凯利给出了开创性的答案：打亮对面树木，让建筑的通透在夜里仍然维持通透；打亮建筑的顶部，显示框架，让通透建筑的建构原理在夜晚彰显；点缀生活用台灯，满足功能照明，构建完美的光环境。这样的做法，与当时的室内空间照明方法完全不同，至今仍为照明设计手法的模板。

建筑化的室内灯光表达。
摄于 2015 年。

建筑整体亮起来的方式：发光吊顶，光洗墙。

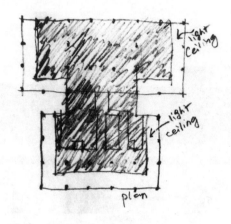

让建筑成为发光的盒子，1957 年室内灯光
的布局方式。

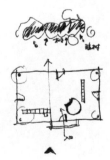

1950 年菲利浦·约翰逊的玻璃屋，灯光设计
的出发点是结构和空间。

第二个案例是西格拉姆大厦，修建于 1954-1958 年。这是开创金属框玻璃幕先河的建筑，今天已是建筑遗产。办公大楼室内灯火通明，就像一个大灯笼，理查德·凯利的照明设计强化了均质的摩天大厦大灯笼。方案其实很简单，就是在窗内侧周围设计发光顶，形成内侧均质明亮的界面，从街道尺度上看效果很明显。这是设计室内功能照明的同时意识到照明作为景观在城市中存在的感受即夜景的设计。时至今日把照明提升到多层次景观的做法仍是大家所倡导的，但超越此案的优秀案例却很少。在西格拉姆大厦中还有一项照明设计的开创性手法就是用光"洗墙"。"洗墙"就是用光把墙打亮，从建筑设计的角度看就是打亮空间界面，是界定空间的手法。从视觉角度而言，垂直照度对于人在空间中的感受更重要，垂直面照明会使空间感觉更明亮。这个手法在今天得到广泛的应用，成为用光划分空间的手段。

第三个案例是路易斯·康设计的金贝尔美术馆。"如何将自然光均匀地引入室内空间环境"，理查德·凯利同样开了先河。做法是把屋顶作为大灯罩大反射器来看，建筑成为大灯具设计。为此，理查德·凯利邀请了产品定制技术支持专家爱迪生·普林斯（Edison Price），光学反射器专家、数学家，号称"筒灯反射罩之父"的伊萨克·古德巴（Issac Goodbar ）的精准计算协助。如此做法，使路易斯·康的拱顶建筑赋予了科学的意义，美学在数学支持下得到升华。

理查德·凯利认为空间中应该有三种光存在：

一、环境光 （ambient luminescence or graded washes ）

可以使空间完全覆盖温馨祥和氛围的。

二、焦点光 （focal glow or highlight ）

可使照明对象更加清晰明了。

三、闪烁光 (play of brilliant or sharp detail)

让人产生娱乐心情的犹如宝石般琳琅满目的。

对比三原则，看现实空间，对空间的界定用"环境光"，对目标的表达用"焦点光"，对气氛的活跃用"闪烁光"，已成为通用法制。

里面究竟有什么呢?

注: 理查德·凯利被誉为 "现代建筑照明之父", 它的作品从今日的视点看仍然是我们遵守与追求的方向。比如用光表达建筑结构的做法, 用光表达空间关系的做法, 在很早期就把照明这件单纯的事上升到提升建筑空间的一种手段。用光 "洗墙" 的做法今日仍被认为是专业的自豪的手法之一。

阳光进入空间
的学问

阿尔瓦·阿尔托设计的学生中心采光天窗。
2016 年摄于芬兰赫尔辛基。

把光拉开距离，做出缓冲空间，让光在空间中柔化然后利用之，这就是建筑师的用光之道。直射的光表明的是效率，漫射的光体现的是氛围，感觉光来自远方，空间自会深邃。

左上：光经过足够厚的洞，会变得柔和舒适。2016年摄于芬兰西贝柳斯纪念公园。

左下：阳光穿过孔洞。2016年摄于巴塞尔。

下：朗香教堂的采光塔内部粗糙的颗粒抹灰打碎了直射进来的阳光。2016年摄。

大家都知道阿尔瓦·阿尔托是现代建筑大师、家具设计大师，据说他的家具设计费收入远远超过了建筑设计费收入，我们平常使用的小圆椅的原型就出自阿尔托之手。其实阿尔瓦·阿尔托还是日光设计的大师，也是灯具设计的大师。有一张1927年阿尔托画的维保图书馆的剖面草图，可以清晰地看到建筑师是如何将阳光引入室内的。直射的阳光进入室内过于强烈，无法用于阅读或照亮空间，强烈的光影对比会打乱空间节奏，同时使暗处感觉更暗。将光线打散，通过墙面反射变成间接光，柔和地洒向室内地面，日光就能变成空间中有品质的光。如何将光线打碎变成间接光取决于采光井的深度或厚度，经验与计算必不可少。在建筑设计初始，用如此草图作为建筑设计的一部分，策划日光利用可知光在建筑师眼里的地位。能利用日光阅读再好不过了，建筑师将光引到了书桌前，首先满足了阅读功能用光。在灯光应用上，阿尔托的手法也是自然光应用的思维方式，将直射光源遮挡利用反射光，柔和射向使用面。因此参观阿尔托的作品，发现灯具都是深筒如采光井，很难看到直射光源。

另一位光线应用的建筑大师是当今在建筑界十分活跃的斯蒂文·霍尔。看其草图也是如此，建筑师将建筑体块有节奏地挖采光井或竖起采光塔，让日光通过折射进入室内处理而用之。史蒂文·霍尔为了使被功能撕裂的建筑保持外在的完整，有意留出缓冲空间，另加半透光的玻璃表皮。在博物馆、美术馆等建筑类型中，让室内外空间脱节，巧妙地引入日光并柔化后利用，增加了白天空间的魅力，这个做法为建筑在夜间的表现也带来了机会。在表皮内加灯光照亮室内缓冲空间，到晚上建筑就是个均质的光盒子，朦胧发亮。史蒂文·霍尔做了一系列类似的建筑，光盒子也成了史蒂文·霍尔的标签。

把光拉开距离，做出缓冲空间，让光在空间中柔化然后利用之，这就是建筑师的用光之道。直射的光表明的是效率，漫射的光体现的是氛围，感觉光来自远方，空间自会深邃。

朗香教堂是柯布西耶的代表作品。其中有两个塔也是导入阳光的。空腔表面喷刷的是粗颗粒的砂浆混凝土，阳光射进来以后，光被这些颗粒打碎，漫反射进入室内。朗香教堂有一面开了许多窗的墙，墙体很厚，阳光穿过这些窗洞后，改变了光路，成为建筑师表达意象的要素。

阳光进入空间是需要设计与操纵的，灯光也需要策划安排，向建筑师学习用光的方法，能丰富我们的设计思考。

上左：建筑师何勍、曲雷夫妇设计的窨子屋采用斗形天井采光，光线进入室内，光就弥漫在空间中。

上右：拉维莱特修道院中天光的引入，色彩斑斓。2014 年摄。

下左：斯卡帕的建筑光影重叠。2012 年摄。

下右：万神庙屋顶中央九米的开孔引入天光，对于建筑而言，光是神性的。2010 摄。

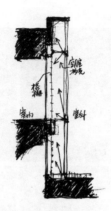

表皮与内核之间的用光方法也能看出建筑师斯蒂文·霍尔用光净化建筑的手段。虽然斯蒂文·霍尔的设计在夜晚的表现是纯净的玻璃盒子，其实内部空间功能很丰富，只是表皮与内核之间流出了混合光的距离。白天，日光被过滤柔化，夜间，灯光充满空间。

金贝尔美术馆的自然光设计由建筑师、灯光设计师理查德·凯利——反射器设计专家、数学家共同完成，其结果光如丝般充满空间柔化了清水混凝土的僵硬。

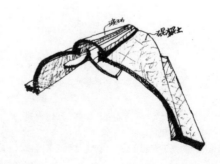

我告诉你，关键是距离

注：日光是高强度的单方向的，有时不宜直接进入室内，建筑师将阳光引入室内的手法是柔化它、扩散它并控制其强度。一般做法是加大引光导管（光井）的深度（长度），且将内腔做成能扩散光、导光的形状，使光间接化，在建筑师设计的灯具作品中也有这种倾向。

建筑师眼中的
人工光

灯光能像自然光洒落的话会赢得建筑师的认同。常德老西门窨子屋室内走廊。用
光能体现空间之间的关系是符合建筑目的的。2013年摄于常德老西门。

布光就会考虑边界、空间的关联和室内外的呼应等问题。

这个上升到专业层面，实际上回归到建筑学的理解，

就是用光来诠释空间。

如果一个灯光设计师处理好了灯光与建筑的关系，

那么就应该是灯光界的建筑师。

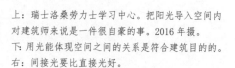

上：瑞士洛桑劳力士学习中心。把阳光导入空间内
对建筑师来说是一件很自豪的事。2016 年摄。
下：用光能体现空间之间的关系是符合建筑目的的。
右：间接光要比直接光好。

做灯光设计后遇到很多搞建筑的同行和同学。他们会惊讶为什么一时间会出现这么多的照明设计师。因为以前他们都是由电气部门负责或不做照明设计，然后请厂家帮助深化照明细节。因此建筑师还未认识到照明设计领域的专业性，也还未意识到该领域已有专业设计师的存在。照明设计是因为专业复杂之后才分出来的幕墙设计，甚至装饰设计等亦如此，这样的细分不能说是好还是坏，它是一个专业复杂化以后的分工过程。

事实上建筑师对人工光的关心是不够的，建筑师会更关注太阳光。阳光介入建筑，会给建筑师带来非常好的空间感觉以及非常好的空间与造型的照片，这对宣传设计哲学是非常好的。而谈到人工灯光有什么效果，他就会认为这只是技术问题。太阳光是神圣的，而灯光是人在操作，有些像演戏的状态，所以再做成什么样也会让建筑师觉得没有什么学术上的成就。因为即便灯光做得不到位，以后你可以重新修改它。但是人不能直接调节阳光，如果你在建筑设计时算清楚了，诱导一束光打到某一个特定位置上就会很震撼。这个现象在大师柯布西耶的作品中体现得淋漓尽致，这是建筑师的骄傲点。即便如此在现代生活中毕竟我们从晚6点到12点这6个小时还要用灯光，空间的灯光环境，也必然会作为建筑师作品的一部分。建筑师的主动设计会比灯光设计师

把建筑的逻辑用光解释清晰是建筑师拥护的。2015 年摄于西双版纳傣秀秀场。

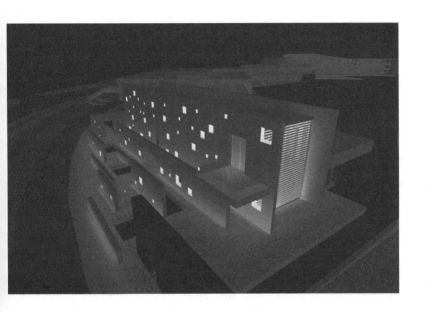

由内而外的光符合建筑师的逻辑。

的定位更准确、更加符合建筑的整体感觉，所以我就希望建筑师像关心日光一样关心灯光。

我们做了一个项目，有同行去参观，他说看了这个灯光设计好像后面有谁的影子，说明灯光设计也有个体性格。从这个角度看，我认为灯光设计也有格调区分。我做设计的时候习惯把灯光设计叫布光，通过布光来解释建筑，而不是通过计算满足功能的需求。布光就会考虑有边界、空间的关联和室内外的呼应等问题。这个上升到专业层面，实际上回归到建筑学的理解，就是用光来诠释空间。如果一个灯光设计师处理好了灯光与建筑的关系，那么就应该是灯光界的建筑师。如果处理不好，只是让建筑有功能性的照明，那你就只是做了一个工程师层面的工作。实际上，长期以来我们的灯光设计是学电专业的人来完成的。就是通过一个空间的面积、高度来配合空间的功能，进行一个规范化的计算，得到空间需要多少流明的照度。如果是用这样的逻辑来设计灯光，那这个光肯定是没有性格的，相当于建筑师谈论的 Building（建筑）。如果要理解光的话，就需要考虑空间。墙有封闭敞开、有高低，空间中人的行为是不一样的。人多的地方光该是什么样，人少的地方光又是什么样。这样去思考的时候，我觉得灯光设计很快会上升到建筑中所对应的所谓 Architecture（建筑学）层面。

躲着点儿啊，小心炸着你

注：与建筑师合作，配合灯光设计，在建筑照明设计领域是最顺畅的路线。在现实中我们承担的设计大多来自于业主。这种现象说明在委托方心目中都有一幅灯光的画面，虽然在建筑师、业主、照明设计师心中皆不同。

2010 年的世博会英国馆，舞台意象的灯光格调。

我总想着如何把电影和舞台对光的表达借鉴过来，做一些可以自我阐释或者探索性的事情。如果说，建筑景观照明是一种辅助性的专业，脱离不开很多条件的话，那么，做一些有独立性、探索性的灯光叙事尝试，对探讨光的应用更有好处。

舞台照明设计会被我们借鉴到城市照明设计中。舞台照明在历史上形成得比较早，是较久的一门专业。舞台照明设计和我们现在通常所做的建筑照明有很大不同。我们依据现实环境的条件并根据载体状态布灯，满足空间场地的亮度照度，以及外观体形的光影塑造，布灯时需要和载体构造相结合。而舞台照明只是特定环境下场景的气氛造景，它们是为临时场景和内容服务的，不需要全方位满足真实环境的需求，更理想化。因此所有的灯几乎都安装在临时架子上，或者在专门的设备通道里，有时甚至是手持。只要避开观众和摄影、摄像机的视线范围就行，需要时根据剧目的场景内容和需求变化调度灯光设备。舞台灯光师有特定的职业性，在职业定义里属于技师，专业性非常强，专业面也比较窄。舞台灯光师具有对光色的敏感性，另一方面要对特定的设备也非常熟悉。更重要的一点在于，他们要去对舞台剧情特别是人物情感表达做出解读并正确用光，要去营造氛围，比我们一般的照明设计师对象的理解会更深。且剧情人物在动态中，需呼应剧情情景的起伏而变化，由此改变、调节用光的明暗、深浅、色彩、方向、角度等，还有用光时间的设计，程度把握很微妙。多年聚焦在舞台上用光说话，也决定了他们更是灯光的专家。

奥体中心作为盛会的大舞台。天津奥体中心。
2017 年摄。

上：在建筑上放老电影有种穿越的感觉。2011
年摄。

下：在建筑师王昀老师设计的西溪湿地项目上
演绎光影秀。2011 年摄。

右：与同学登泰山时，用手电筒照亮了牌坊，
旁边的小屋里透出的灯光洒落在地上，这个场
景就很有戏剧感。2015 年摄。

我总想，我们的建筑照明设计是否可以向他们靠拢一下，更深入地操纵光影，调动光色为现实生活场景服务。记得，有一年我们半夜跑到威尼斯的沙滩上，用手电筒的光打出一个颇为"海市蜃楼"般的场景，这种近乎原始的照明方式所制造的效果非常震撼。而我们也是在试图实验一种即时性的创造场景的方式，如同电影的手法一般。电影行业里有一类工作叫场面调度，目的是安排造就场景。在电影场景中对于灯光而言，道具的表达、颜色、光影、光线的选择等手法对我们思考现实环境光的情景创造很有启发。比如说电影中一些山村的场景，或者古老的场所，在剧情中使观众能强烈地感受到一种氛围的存在，能折射出遥远的意象；仅一束光，会把我们带入回忆的情境中；抑或对未来的想象。相比较而言，我们现实中的灯光，特别是建筑照明还尚为粗浅，还达不到创造自如的氛围。因此，我总想着如何把电影和舞台对光的表达借鉴过来，做一些可以自我阐释或者探索性的事情。如果说，建筑景观照明是一种辅助性的专业，脱离不开很多条件的话，那么，做一些独立性、有探索性的灯光叙事尝试，对探讨光的应用更有好处。心血来潮时，想从我的办公室用最简单的投光方式去打亮千尺之遥的玲珑塔，实现照亮塔的场景。对面是机场，怕惹祸而未决。

酒店的客房走廊作为光影展现空间。响沙湾莲花酒店。摄于 2013 年。

：光影的戏剧化表达使建筑变成了舞台。萨迪的家的"灯光夜宴"。摄于2016年春。

：投影灯光秀成为常态节目，人们围在观众席，手机记录着场景内容，灯光秀成

散场后朋友圈的谈资。2017年摄于厦门筼筜湖白鹭女神灯光秀场。

电影的灯光会讲究主光、辅光、背光、逆光、硬光、柔光、侧光、顶光、底光、冷光、暖光、自然光、人工光、明暗反差这些表象的手法，背后是视知觉情感、信息、美学需求等在左右选择。感觉的定义就像摄影定义灰度一样，通常也要有一个参照系，18% 的灰度板被认为是介于黑白之间，俗称十八度灰。牵涉到美学问题，与环境认知、知识背景、偏爱、情绪等有关，认识上的不一致、感觉上的不一致也许也是带来创作差异性的一种路径。照明设计师也要向摄影师和舞台灯光师学习灯光设计。

这么多的人看，我就舞了啊！

注：城市客厅的说法在城市建设中常提，城市是舞台也成为事实。很早以前我就尝试
将舞台演绎的灯光设计做法引入建筑景观照明设计中来。自己的事务所几年中曾招收
过中央戏曲学院灯光专业的学生，意图使表演类灯光与建筑类灯光的结合能为可能。
现在的设计项目这方面的结合已普遍了，验证了当初的判断。

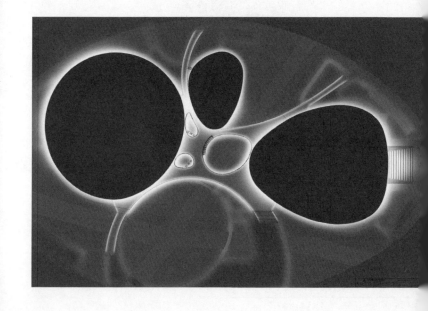

光环境的构想先从理想的目标出发。

毕竟书生之见，全是纸上谈兵。

木原信敏回忆其第一款WALKMAN设计图时说：「在我们那个时代，我们只能在纸上画出产品设计图，我会闭上双眼想象产品的样子……」

光的美学经验感受来源当数自然界的光。

日出朝霞，日落晚霞，阴晴雨湿，日月交辉。

光写意的出发点是美学的，如何使载体在夜间漂亮是思考的出发点。

纸上谈兵指后人对战国时赵国名将赵奢之子赵括只知兵书不知变通的评价诟病。对读书之人也常做如此讥讽："毕竟书生之见，全是纸上谈兵。"可见纸上谈兵并非是什么好意词。不过纸上谈兵作为一种表达方法，之后却从来没有停歇过。

近代电影中的作战指挥部，仍然多有纸上谈兵的镜头。一张地图，一个沙盘。讨论作战，基本上离不开这两项工具，且无论是国民党的军队，还是八路军的指挥所，只有土匪除外。我们今天看到都理解，认为纸上谈兵只是作战的一个步骤而已。

著名的 SONY 公司能有今天，得益于被人们称为索尼巫师、随身听之父的工程师木原信敏。木原信敏回忆其第一款WALKMAN 设计图时说："在我们那个时代，我们只能在纸上画出产品设计图，我会闭上双眼想象产品的样子……"

超级当红女建筑师扎哈·哈迪德曾纸上谈建筑设计 10 余年，奇思异想超离现实，所以方案几乎只能停留在草图这个步骤，未得实现，成为现代纸上谈兵的高手被议论。后来一炮打响，使方案逐步成为现实，走进了设计的全过程，成为设计界的超级女。日本著名建筑师矶崎新出了一本叫《未建成 / 反建筑史》的书，登载的全是画在纸上的，未实现的建筑，针对这些个草案，他还说出一套不管是否建成，也同样具有思想性，也同样构成历史的书面理论，可谓纸上谈建筑的高手。

今天从事设计的都是院校毕业的学生，当属于知识分子书生，因此注定逃脱不了纸上谈兵的所谓"书生之见"。只是时代有变，大多书生用电脑谈兵取代了纸上的写和画。用电脑画图脱离了握笔的力感，笔和纸摩擦的触感，图板与身体的尺度感，却大大提高了效率，增加了无限的设计可能性和处理复杂问题的能力，当然品味设计构思时的乐趣就下降了。不过最近出现了电脑中的草图大师软件，又有盖里、扎哈等大师的深入发掘，电脑中的草图似乎也要迎来自有感性的时代。

我上学的时代还是很学院派的，没有电脑的时代，画画（素描、钢笔画、水彩、水粉画）被作为美学素养培养的基本途径和作为画设计图练功的手段。曾经因为不用尺谁的线条画得直画得长而与同学比来比去，得闲时私下猛练线描徒手画。像现在很有名望的建筑院校的老师，有大师院士头衔的几位长者，画草图的水平其实不比画家差多少，有的甚至称为画家亦不为过。记得上大学老师曾对我们说要不断地画反复地画，画多了，感觉就出来了。

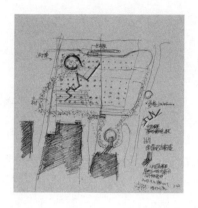

上：平面上的光场景策划。
右：对于大范围的布光的想象。

风靡一时的 WALKMAN 起始
于纸上的草图和脑海中的
构想。

草图这种形式，出名的当属画家。米开朗琪罗、达·芬奇、伦勃
朗的草图，价值甚至达到与正式作品等同的地步。有些画家干
脆把草图当作品。广泛应用的，却是在建筑工地上的普通工人，
画切割图开木料，商量如何安装的尺寸计算草图，只是随时随
地不限于纸上，铅笔就架在耳朵上。

对于我来说，从事照明设计工作，从纸上谈兵开始是必须的。
我画草图，其实是公司内部对项目方向的一种研讨或指令手段，
属于内部交流的手稿，因此表达的参差不齐。有的像画，有的
像建筑景观速写，有的是细部说明，有的纯粹是灯光畅想，有

的就是要实施的设计方案说明。还有的是过程中沟通时画下的，有点胡乱涂抹的感觉。时隔有日，回头看时，有些觉得仍新鲜。几个项目对比，有时会发现设计对于同一个人而言有惯性，其风格手法也多类同，此时的草图记录成了促进自己进一步创新的鞭策。

照明设计师是用光对载体进行再创作的专业工作者。载体有既存的自然景观、人文景观，也有新建的景观建筑项目。前者为现场调研后作纸面构想，后者为索取图纸在图面上想象布光。建筑载体的美来自结构、空间、造型及有意识的细部，用草图表现很能抓住布光的要害之所。

照明设计的范围很广，有城市照明规划、景观建筑、市政设施、不同用途的室内空间。为载体外观服务的，成果直接变为城市的夜景，为出行、工作、生活需要的照明成为保障夜间生活的功能性照明，同时也是城市夜间景象的一部分。

画一幅照明规划的总体草图时，就像把城市浓缩在 A4 纸里，只能抓其精髓。比如郑东新区的如意城与人工湖,比如杭州的西湖、钱江、运河、山、城，比如赣州的城池与三江六岸，比如德州的岔河与新老城区，比如徐州的小南湖，比如常州的怀德广场，比如宁波的新区，又比如鄂尔多斯乌兰木伦湖前的康巴什新城。大场面的光构思草图完成，也是对载体选择表现的过程，其行为本身就是在做光环境的规划。

画建筑外观的装饰照明时，一般不会超越建筑的原初设想与造型，多采取理解尊重其建筑结构空间的做法。但只把灯光表现作为主体时，思维方法就不一样了。

2001 年 7 月 13 日北京申奥成功，2006 年媒体谈到的很多话题是奥运会开幕式庆典。心血来潮，拿出草图本，画下了畅想把灯光从卢沟桥永定门、前门、天安门、故宫景山、奥运村昌平点到长城的草图，后来看 2008 年 8 月 8 日的开幕式，还真看到利用了中轴线的大创意，只是礼花脚印走了城区中轴的一小段。

为了创作灯光秀的作品也曾在纸上勾画多日。当时设想做一条闪电跨过地坛拜台，启发现代与古老对话的行为状态，后想想不妥，随即缩至一角落。谁知摇滚乐舞台却高高架在了拜台上面，又谈又唱又跳，还是他们够狠。

试做一款灯具吧。用草图勾勾画画，笔触过去，思路也开，能不能只是一根棍儿，一头接电，一头发光，细部隐去，这样的产品该多帅，这种诉求实际就是得益于画草图时的手感。

光的概念建立起于光的想象与感受，在纸面上把意象停留下来。还有一种体验是在实际环境中，用光介入去感受发现。这好像是在载体上用光画草图，也是蛮有意思的行为。笔者曾在威尼斯的海滩用1瓦的手电筒画画，在黎明来临前的黑暗中，光的效果却是无比的震撼，光的意象会突然显现。在京都的寺院里，同样的一束手电光也给院子留下了光的烙印。

在全国范围内做设计，出差坐飞机是经常的，机舱内的灯光很专业，有空间背景光，安全指示灯光，阅读灯光，功能划分明确，于是用草图记下，颇受启发。从航站楼的公共空间，火车站的站房，甚至列车中的用光有时也会得到启迪。一次旅途乘坐大型局部双层的飞机，在二楼我曾看到照亮顶的光是蓝色的。在国外乘邮轮长途时，日出，日落，海天一色，舷窗内透出温暖的光，远处光斑点点，体验更不一般。

在照明设计过程中，草图不仅是创意的第一步，在项目实施的每一个阶段，沟通时用到草图的机会都比较多。照明设计一般分如下几个阶段：准备交流阶段，概念规划阶段，方案设计深化阶段，实施设计阶段，施工图纸及现场实施实验确认阶段，最后到达竣工验收。

准备阶段，如果是城市夜景规划，首先要研究地图与勾画脉络节点，框架意象，与城市管理者交流，与城市规划专家交流。如果是建筑及景观，就要以建筑景观为底，勾画出需要表达的光构思，与建筑师、景观设计师，或室内设计师进行交流，得到其理解与赞同。同时调研把握现场，得到心目中的光意象草图。

概念规划设计阶段是基于上述现状分析及设计师理念的理解分析而得出光的概念效果。除了对色温（色彩）照度等设定、灯位示意、灯具示意、造价估算、用电估算等技术的环节外，草图是构想方案的开始。设计师也有用模型打光纤灯的办法、效果图的方法、参考案例的类比等间接的办法等。

方案设计与深化阶段主要交流手段就是使用效果图、计算书、节点图、电与控制系统计划等，其中节点图的沟通主要是徒手草图的笔谈。

细节里光的位置与出光方式。

实施设计阶段，施工图纸阶段是 CAD 绘图的天下了，不过徒手修改施工图的错误和追加不完善的节点时草图会派上用场。灯具安装大样也是先画草图开始的，不同的专业以草图进行交流。

现场施工管理阶段设计师会将节点安装的方法用草图绘在工地的结构墙上或石膏板上，与施工技术人员在墙上笔谈。此时与单纯意象草图不同的是要有尺寸多少的准确概念，虚无的成分不能多，也不允许多，这就是工程技术与纯绘画写意的根本性区别。

本来夜景的画纸应该是以夜色为底表现比较贴切。如深蓝色纸，就像夜晚的天空，用白色等铅笔去布光，理出行径路线，标出功能空间，强化节点，结果从画面看就是一张夜景画，当然也是一张照明规划设计图。

我没有找到蓝色的速写本，只有牛皮纸的。牛皮纸是我们这一代人最熟悉的，二十世纪七十年代前就是通用纸，包装纸、信封、档案袋一直是牛皮纸的。牛皮纸纸质粗，易着铅笔蜡笔色，只是与夜色相距的较远，就像照相的底片，有点颠倒黑白，单看画面，也有不错的，记得一幅为恐龙园创作的灯光意象草图，就被东芝照明的袴田社长索去当画挂在了自己的办公室里。

看自己的草图，随时间的推移，发现许多不尽合理的标注：比如用什么光源，多少灯，多大瓦数，是 400 瓦，250 瓦，150 瓦，70 瓦 ，还是 35 瓦，等等只是草图阶段的想法，在实际方案深化时，会经计算检验，发生变化甚至颠覆。 有些标注，也可能是错误的，不能作为读者做方案时的参照依据。近几年，LED 发展迅猛，使用方法在不断地变化，草图中的标注内容随时间变化会落后于时代。从事建筑景观照明的设计，对于我自己来说也是在工作中学习，学习中认知，认知中完善。每个阶段的工作只能代表当时的思想，至今日，有的想法也发生了变化。比如对光信息的意义发掘与做法，比如对低碳时代的设计探索。

光的美学经验感受来源当数自然界的光。日出朝霞，日落晚霞，阴晴雨湿，日月交辉。光写意的出发点是美学的，如何使载体在夜间漂亮是思考的出发点，或使丑的载体不再现身于光之下也是目的之一，因此草图的表达首先是以塑造夜景观为出发点的。

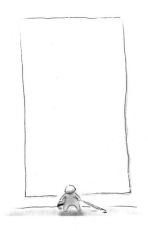

胆大画就大

注：此文是为《光意象——照明设计草图》写的序，成文于 2011 年 8 月，文中记述了我自己的设计工作方法。时隔多年，工作方法有了新的补充，包括大数据的应用，现场的验证增多，回到初始构想，仍然是用签字笔在草图本上画来画去，寻找理想中的感觉。

光信息与互动结合目前被认为是高层次的媒体演绎方式。
2010 年在新加坡的灯光节上。

新时代的灯光遇到了媒体信息问题，

实际上是遇到一个设计的新课题需要学习，

赤膊上阵显然还不行。

现在有个流行词叫跨界，

我想灯光进入信息表达领域就是跨界。

其实现代的好多领域都在跨界，不是自己想渗透，

而是实在分不清相互之间的界限了。

窗外乌云密布，一道闪电划过，暴风雨要来了。看到闪电光，就想到雨，而且是大雨，这是天空给我们的信息传递。原始社会用火光驱野兽，封建社会用狼烟报敌情，工业社会用灯泡改变夜晚，21世纪，我以为我们开始了新时代，以LED光源为代表的光信息时代。

光信息时代的光目标是要覆盖过去的照明功能，同时表达自由信息而且低碳。光信息时代下信息在光中的比重会越来越大，越来越精准。如果要划时代的话，那么早期是焰与火的时代，近期是光与电的时代，今日起我们开始进入光信息的时代。

焰与火的时代是光不可控的时代，能量的低品位时代。光与电的时代是光的静态时代，是忠实于载体内容，注重于光影明暗关系、切换式控制、单点发光的耗能时代。光信息时代是一个全新的时代，是光像素的时代，同时能融入环保低碳的大时代中。用光是按像素表达明暗关系、色彩关系和影像动态。内容强弱自由，程序网络式控制，集成光源，它冲击到了载体本身的结构逻辑或者说把结构当了背景。

明显的趋势是传统建筑立面设计受到光媒体手段的挑战。我们走到东京的银座及表参道、米兰的名店街，在北欧的新建筑上、上海的陆家嘴、上海世博会，皆能看到这个现象，媒体幕墙凌驾于建筑立面之上或干脆用媒体墙做立面。

前几年刚出现数码管 LED 产品时，南方某著名沿海城市就在几个月内将主城区的建筑全部实施了勾边亮化处理，数码管有变色，追逐闪动，好一派开放城市的感觉。热闹了城市又表达了 LED 产业基地的骄傲，像在做广告，但载体是整个城市。静下心来看，却发现历史形成的载体美没有了，城市恬静、优雅的生活感没有了，只有强亮度的 LED 管在空中飞舞，夜间可看的其他信息反而看不到了……人们不得不反思 LED 的光信息量增加了，城市固有的美的信息丢失了。同时意识到在城市中布光就是在布信息，新信息多了不免占了固有信息的份额，光信息进入了城市布光的考量范围。

新时代的灯光遇到了媒体信息问题，实际上是遇到一个设计的新课题需要学习，赤膊上阵显然还不行。德国有个新媒体的学院，就是专门致力于该领域的。看看课程表，对课程设置颇有感触。5 个主修专业：媒体艺术、视觉传达设计、产品设计、场景设计、艺术学。5 个副修专业：绘画、雕塑、建筑、哲学、美学。

2012 年 12 月，在华南理工大学内的一次学术活动期间做的灯光装置，名为"湖边的节奏"。当人们走在湖边散步时，灯光点亮的节奏会跟着人走的节奏，这点小小的信息加入使来访者意识到非日常的活动的存在。此为光信息的初级表达尝试。

看来要学的东西还不少，且都与修炼素养有关。

信息表达是有多方位需求的，手段涉及多媒体，因此必须要学习新的东西，适应新时代。但可以看出传统的美学基础不能丢。摄影术出现后，有人就寓言绘画的使命该终结了，现在看看，绘画仍然如日中天。

现在有个流行词叫跨界，我想灯光进入信息表达领域就是跨界。其实现代的好多领域都在跨界，不是自己想渗透 ，而是实在分不清相互之间的界限了，当然审美的基础功夫要习得。

一般说，就刺激眼球而言，有媒体信息表达的光胜过单纯的发光体， 动态的光胜过静态的效果，彩色的光胜过单色的，高亮度的胜过低亮度的。这个规律被人们掌握以后，就会在布光上竞赛来吸引眼球。结果呢，动态的、彩色的信息会越来越多，我们不知不觉被笼罩在光信息的海洋里。不得不想到光信息也需要管理的话题。

我们处在一个可能性越来越大的世界里，边界的模糊是我们很难找到总则和规矩。新媒体的光信息又是一种无地域性、无边

上：武汉瑞华酒店外立面的装饰光在控制系统驱动下缓慢变换着图形与场景。摄于2014年。

右上：2010年在杭州庆春广场尝试设计的媒体立面，对商业的广告形式产生了影响。

右下：2007年北京的大成国际光阶梯，其东四环特殊的地理位置，让建筑如何在CBD商圈内突出自己，对灯光设计师是一个挑战。这是较初级的光信息表达。

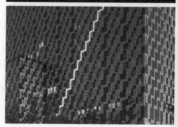

界的、通用表现方式，其结果大量地采用，在客观上增加了城市的趋同性，淡化了地域特色。这样看来采用了光信息的手段，不一定就能增加城市信息量，反而会使城市失去厚度，流于表皮。

夜晚的城市里包含了光与信息的诸多要素。有生活的，景观的，指示的，广告的，基础照明功能的。在规划设计夜景时就存在对光与信息关系的把握。这也是个新课题。上节提到要控制城市光容量，我想还要加上城市光信息量的控制，或规划光信息。光有污染，信息也有污染，这次世博会看巴西圣保罗的城市改造案例就是根治广告信息污染。LED 光与广告结合后，信息容量加大，对广告需求与广告可用面的限制的矛盾是个缓解，但同样有诸多问题。光信息带来城市固有载体形象的弱化，甚至，当动态的光信息立面渗透到传统结构美的载体中时，使我们既有的城市文化感受到冲击。很多城市中的广告下架整治实际上就是信息污染的整治。

但是，光与信息的结合成为新时代特征具有其不可阻挡的力量，2010 年上海世博会，光与媒体表现诸多，成为展览主体，不能不说是为一种趋势倡导与需求在助力。半夜里起来看世界杯比赛，除了球星的表演外，是否注意到球场的围栏板变了。以前是广告布上印刷了大企业的名称，现在是柔性的 LED 幕板。这样一来，企业名称可以间隔滚动播出。于是同样长度的围栏，吸纳厂家数几倍增加，这就怪不得有人统计，世界杯要比奥运会赚钱了，其实是光信息帮了忙。

出现了个维京解密与阿桑奇，有评论说这是预示着世界超信息时代就要到来。对于光，我想说光信息时代来了。我曾经戏说光信息时代的起始日为 2008 年 8 月 8 日，是以北京奥运会开幕式上巨大的 LED 卷轴为标志的。今天，LED 的出现与广泛应用，俨然是摆脱不了光的信息特征的。

那个亮灯的窗户一定是老师家

注：此文初稿成于 2010 年 8 月 10 日。2008 年 8 月 8 日北京奥运会开幕式，在偌大的场地中央 LED 卷轴铺在了地面上，像画毯，像屏幕，与表演者互动，第一次开启了光与信息完美结合的场景。当时确实震撼了世界。开幕式结束后，网上有上百家 LED 厂家说卷轴画卷是他们参与制作的，可见其荣誉与价值。自此以后上升到墙面的光与信息的结合，引发了媒体立面的夜景空前繁荣。城市成为电影、剧场的舞台，建筑成为内容展示的背景屏幕，欢庆一年又一年，争论此起彼伏。

灯光美学的位移

从灯饰到灯光是现代主义以后所推崇的方向。
2006 年摄于中关村西区的景观照明改造项目。

观灯是一项临时活动，灯也是临时准备的，观灯也观灯具造型，观灯是在局部区域内进行的，这种节日灯光不会对日常生活景观产生影响，也未形成夜景。但是，观灯节日的存在，说明了人们对灯光及其形式的热爱。

一、景观的美学传统

中国的国画很能代表中国人的审美情趣。如宋元山水、明清文人画等。典型的特点是画面的省略和用大量留白作为背景。还有要表达的中心内容或主体都占画面的比重很小，即背景大于主景的表现法。如一幅墨荷图，大面积的荷叶是墨泼上去的，精心勾勒的只有很小部分的荷花。量一下画面主体和衬托（背景）的比例，大多不超过 3:10。如此的实例很多，这是传统审美中对主次关系的态度。再看明暗关系，让我们举西洋画为例。有代表性的是伦勃朗的油画，光线只集中在人脸的局部，其他部分大多隐于黑暗中。不妨也看一下明暗的比例关系，也是不过 3:10。

二、灯光的传统审美意识

灯光的传统审美趣味源于电灯发明前。相当一段历史时期，统治者是不允许老百姓外出的，夜晚要宵禁，因此夜间街道上没有固定灯光存在，只有巡夜手中的提灯。 历史上，有光的状态都是与直接生活联系在一起的，灯光夜景是生活景观的副产品。如对于渔家灯火的生活趣味和万家灯火的城市生活状态，文人墨客皆有描述。中国人的节日中有观灯的灯节。观灯是一项临时活动，灯也是临时准备的，观灯也观灯具造型，观灯是在局

左：观灯是一种古老的活动，主要观灯的造型和灯光亮了以后的装饰、绘画、文字、形象等内容。与现代的建筑灯光属于不同范畴。2006年摄于朝阳区元宵灯会。

右上：图腾形象是节庆灯会离不开的主题。2013年摄于香港。

右下：与近代的建筑装饰主义一样，灯光有过霓虹灯装饰流行的年代。

左：中国的山水画意境在宋朝就是简约淡雅的。这样的美学思想在现代也很受推崇。

右：意大利未来派画家巴拉的作品"街灯"，是对现代都市灯光的讴歌。

部区域内进行的,这种节日灯光不会对日常生活景观产生影响,也未形成夜景。但是,观灯节日的存在,说明了人们对灯光及其形式的热爱。

三、近代灯光的革命性突破与彰显的心态

近代,电灯的发明可以说是给城市夜间活动带来了巨大的可能性。此后相当一段时间里欧美都表现出对灯光的狂热和对不夜城的追求。如作为视觉中心的巴黎埃菲尔铁塔的灯光投射,街道亮化的光塔构想,出发点就是要彰显灯光技术,讴歌夜的美丽,实现广大民众对夜生活的享受。

1889 年的万国博览会除建筑展示外可以说是对灯光的礼赞,都市生活由此开始向夜间不断延伸。包括印象派画家凡·高《夜间的露天咖啡》、德加《咖啡厅内的妇人们》,偏爱以阳光下景致为主题的大师们也开始描绘夜景下的题材了。意大利未来主义画派的重要代表巴拉就曾以街灯为题材作画寓意电气化时代的辉煌。因此,城市中通过电气照明的出现与繁荣形成的夜景象并不是以传统的生活和审美为出发点的。城市博览会的盛行,影响了日常生活的状态,非日常的展示灯光,出现在了城市日常生活中。

今日的设计手法解决夜晚功能需求并可以对重
要载体塑形。2015 年摄于俄罗斯圣彼得堡。

四、生活用光对夜景的贡献

如果仔细考察一个城市的夜景，会发现对景观有贡献的光是来自多方面的，其中生活光（功能性用光）占了相当的部分，主要包括使用空间内光的外泄和路灯灯光（路灯光在夜间灯光中所占的比例有时会超过 50%）；此外是发光广告（发光广告在夜景中的比重与城市的商业化程度有关）；大城市中汽车灯光亦是不可忽视的存在；最后就是为了增加夜景的效果对载体施加的装饰光和灯饰。历史上所说的万家灯火实际上就是指生活光而言，是对生活繁荣的赞美。生活光，能体现生活的品质，也是最真实的。而对城市装饰光的态度，也反映出该地区、该民族的性格、爱好、价值取向和品位。

考察欧美城市，利用生活光的夜景占主导地位。只有重点和特别的景观要素，才会使用装饰光。而亚洲一些国家大城市中的装饰光就比较多，广告也多。例如纽约、洛杉矶、旧金山的主城区夜景主要利用办公楼室内内光外透。办法是延长室内熄灯时间或不关灯，只有个别屋顶有装饰性灯光；巴黎、罗马则选择有代表性的古典建筑施以泛光照明，更注重明暗关系；东京的夜景感觉是功能性灯光强度大，广告多；回头看上海，夜景集纳了全世界的风格于一身。

五、以建筑为例的光构成分析

我们把建筑分为三段式：底层、墙身、屋顶，分析其生活光、装饰光与夜景的关系。建筑的底部用光主要是为人的活动服务的，包括使用者从室外到室内的过程中。特点是需要满足近尺度观看路面、物品、标识等的需求，是功能性的光，可计算的光，要符合照度要求，不可缺省。

建筑立面上没有用光的功能要求，有人会使用内部空间功能光的外溢，是景观上不可控的光。因此立面是否采用装饰光取决于景观的要求。外立面与内部有关联性，需要内部策划时考虑外观感受。在墙面上做光是主动的装饰行为，与内部功能的背反是最大的顾虑，需要规划时慎重考虑。

屋顶除了航空警示灯的要求外一般没有功能性用光要求，用光主要是装饰光。顶部装饰光以感观为主，是主动的造景行为。顶光的实施与否与建筑在城市中的地位有关，应有等级区分，是夜景规划可控的部位。

促使商业繁荣的光比普通建筑有更多的装饰光，但不同的业主业态格调会
不同。2012 年摄于成都华润万象城。

建筑与灯光关系表

	建筑用途	景观意义	生活光	装饰光	夜景光策略	政策法规
底层	经过，进入；内部使用	行人尺度	室外活动照明；室内使用空间光	灯杆壁灯类；结合功能	以功能光为主导	照度要求
墙身	内部居住或使用；街道立面	街道尺度	内部生活光	外壁与室内光矛盾	利用室内外泄光；限制表面装饰光	室内光的控制；外侵光的限制；立面泛光能量密度
屋顶	设备用，造型；城市轮廓	城市轮廓标志	无光；航空警示灯	纯装饰可能	装饰光；规划控制	夜景规划要求

上：在普通的景观照明中也想把灯藏起来，只是利用光。2016摄于奥斯陆。
下：极简的设计手法隐匿了灯的存在，只有天光和发光的墙。2014年摄于德国威斯巴登。

六、路灯的景观意义

路灯由于在城市灯光中所占的比重很大，它对景观的影响是可想而知的。不过路灯的景观感受有类同性，因为其执行的功能标准和采用的设备是国际化的。道路上的车灯灯光也是相似的，同样车灯也是国际标准化的。当某一区域其建筑物在4层以下时，路灯景观会成为夜景的主导景观，还有在鸟瞰时展现城市的脉络。路灯灯光不能简单用装饰灯光取代，因此是从景观角度难以规划的存在光。

七、发光广告的景观意义

广告超越了城市中的载体而自成体系。广告光的亮度出发点是为了看清画面的内容信息，因而采取了一套独立的亮度标准体系。比如建筑物泛光照明的平均亮度上限标准值25坎德拉/平方米，在同一区域广告的标准上限值为：小面积广告1000坎德拉/平方米，大面积广告400坎德拉/平方米，两者亮度对比为1：15～40。显而易见，发光广告在夜景中占据了突显的地位，其他装饰照明在有广告设置的地方便失去了意义。因此，夜景规划中发光广告的规划不容忽视。

平衡的夜间光环境是美和优雅的前提。随着经济的发展和人口的增长，城市灯光有逐年增加的趋势。单从照明行业来说，从业者也都是在做光的加法，虽然并非皆是初衷。从管理体制而言，中国的城市管理者也希望以灯光促经济，以验政绩。所以，在政府规划审批时，夜景灯光设施作为一项基本要求。如何由市政审美上升到真正的有品位的灯光环境，是一个需要时间的过程。

我就在这儿等着礼物啦!

注：历史上的夜景和今天是不一样的，最早肯定是月光夜景，后来是生活光夜景，再后来是商业光夜景，再后来是工业商业交通光的夜景，现在的夜景是有意识添加上去的，是主导的夜景。审美随时代随科技发生着变化，用"灯光美学的位移"来说明这种变化，同时也要意识到美学有积淀，有传承，经典的美学原则仍然起着主导作用。

速度与光

与速度和离心力相关的光，市政设施的结构逻辑表达。2005年摄于郑州。

『桥梁是工程师的作品，

工程师在经济法则的制约下，

在数学计算的支配下，

使我们与宇宙的自然规律协调起来……』

（摘自勒·柯布西耶《走向新建筑》）

城市桥梁之一是城市道路立交桥，它是解决城市道路平面相互交差的一种交通设施。另一种是架在城市中河流之上的桥梁，由于其纵横交错，相互联结，其本身的体量及造型特点在城市中形成了独特的形象，有时甚至成为城市景观的主导，尤其在夜间。

对桥梁景观特性的理解，应基于三个方面：功能特性、结构特性，还有其形象处于城市中的象征意义。

对于桥梁的照明设计，应该以功能为前提，以表现结构为重点，通过桥梁本身的魅力突出其所具有的景观意义。

一、桥梁的结构特性

从历史到现代，桥梁虽然形态各异，但结构逻辑是很明确的，如在我国宋画中的汴梁虹桥、四川的悬壁桥，还有建于隋朝的赵县安济桥，这座长 37.37 米的大弧形石拱桥创造了石砌拱桥的奇迹，展现了古代工匠对力学的理解。

在西洋建筑历史中，罗马的石拱桥是为人们熟知且广泛使用的桥梁形式，罗马拱桥的构造也表现为基于砌筑需求的结构形式。

到了近代，钢铁在桥梁中的应用，使桥梁的结构形式发生了根本变化。像苏格兰的福思铁路桥、英国伦敦的泰晤士大铁桥、澳大利亚悉尼港大桥等。这类结构的桥梁形式表现出钢梁架和肋条的繁杂组合体，就像埃菲尔铁塔的结构形态一样。钢筋混凝土的出现和钢结构拉索的应用引起了桥梁史上的革命，这种抗拉与抗压相结合的方法，使桥梁形式迈向了更纯粹的结构力学的表现上。

现代桥梁的设计表现有追求力学极致的倾向，如西班牙设计师圣地亚哥·卡拉特拉瓦设计的一系列钢结构桥及纽曼·福斯特的伦敦千禧桥等都充分表现出这方面的特征。以结构为主的桥梁设计历来是以结构工程师为主角的，因此桥梁基本上是以结构力学作为出发点的，勒·柯布西耶曾如此评述结构工程师的工作："桥梁是工程师的作品，工程师在经济法则的制约下，在数学计算的支配下，使我们与宇宙的自然规律协调起来……"（摘自勒·柯布西耶《走向新建筑》）

我国现代城市立交桥的大部分是以钢筋混凝土结构为主流的。桥的形式是由柱、桥面板、护栏等基本要素构成，随跨度、交叉形式的不同，结构形式有时会发生相应的变化，当然也有为突出景观特点对造型进行特别处理的立交桥。

二、桥梁的功能特性

桥梁提供的是一种公共的服务功能，因此解决交通中与人的关系、与车的关系是桥梁功能的基本要求。在夜间，提供适度的照明去保证通行的安全也是桥梁作为交通工具的基本要求。桥与道路是连成一体的，道路的集合构成城市的骨骼，共同形成一个完整的交通系统。

三、桥梁的象征意义

"桥梁可谓人类最有象征意义的建筑，它以独特的方式将美学融入结构之中，是和谐统一与景观精神的有形体现。"（摘自马丁·皮尔斯和理查德·乔布森著的《桥梁建筑》）一条河的两岸有了桥，彼此相互连接，相互拥有了对岸，一辆车跨过某一大桥，表示其进入了另一个区域。桥的连接与没有桥的分割，使桥的重要性突显出来，从而它的人文艺术，象征意义被城市中采纳，形成一个标点、一个特征或一个代表。意大利威尼斯的叹息桥，对常人与囚犯进行了界定，西湖的断桥则是寓意人性化的爱之分离。作为景观标志的形象特征，亦存在于很多桥梁中，如拱起的玉带桥，天安门前的金水桥，有的城市更是以

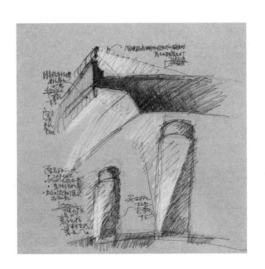

桥梁的结构与力量感。2004 年用草图表达的市政桥梁照明方式。

左：桥梁的结构骨骼与细节之美。2006年中关村西区景观照明改造。

右：桥梁的结构美是符合力学出发点的，表现结构美是推崇的做法。2011年鄂尔多斯苏阳桥的染色照明。

桥为美。在现代城市中，立交桥又被视为现代化的象征，代表了城市的建设和发展。有意思的是，在全世界迎千禧的时候，很多城市的表述方式是建造结构新颖的人行桥和自行车桥，以此表达人们对未来的心情。

四、桥梁的照明表现

上述对桥梁的表述阐述了桥梁的存在意义，由此我们可以容易地找出应该如何去表现桥梁照明的方向，使之成为构成城市夜间景观的恰当要素。全世界大部分优美的桥梁都采用了将桥体进行照明的方式去展现其结构的美。

桥梁是结构逻辑化的典型，表现结构、表现道路的连续性是桥梁照明设计的正确道路，而偏离结构的装饰做法不能与桥梁产生进一步的亲和，应是排斥和谨慎的。因此在照亮桥体时，应以表现主体结构的流畅、表现结构力学关系等为主要手法，一般做法是采用线性光源进行连续性的桥体渲染。桥面的弯曲弧度不是纯造型的需要，它是汽车在低速（一般40千米/小时以内）时安全舒适转弯的需求，弧度是速度的体现。

为了人和车的行走通过，功能性照明是第一位的，舒适的、可识别的、安全的照明是桥梁照明的根本出发点。传统的做法是使用等距布置灯杆照明，或集中设置 20 米以上的高杆灯。有一种新方法是在护栏处安装侧向条形投光灯对路面进行照亮（俗称护栏照明），这种方法由于连续性的护栏照明与道路流线一致，本身亦形成了流畅自然的夜间景观。

于郑州市市政桥梁的照明设计实践基本上遵循了上述对桥梁分析的结果，围绕功能和结构的可能性去创造景观，同时，把桥梁和道路作为统一的整体，形成城市在更高层次上的形象化特征。这里，主要思想是将立交桥融入交通环线中，形成城市交通功能整体连续，在大范围内实现交通系统的景观化，增强可识别性。城市处在道路的光环中，立交桥是环中节点。

在郑州的数座桥梁的设计实践中，我们遇到了跨河桥和城市立交桥等几种类型，在照明设计的工作中，寻找结构要素的特点是主要的工作内容。如在护栏上设计线形投光灯去满足交通的要求，取消灯杆对景观的影响，用线形荧光灯具均匀照亮结构侧板，使桥梁结构体连续起来并有立体感。立交桥的弯道曲线是车运行曲线要求的体现，它是自然的，用照明去表现这样的曲线美更强化了这种流畅感，胜过在桥上做任何灯饰线条的效果。

瞧我这身板儿，随便过

注：该文曾发表于《照明设计》2005年第3期，《中华建筑报》2009.7.25第008版。
数年来，对桥梁的装饰照明做过很多。现代桥梁的结构性很强，很少非结构赘物，因此桥梁是结构美的典范。桥面道路的弯曲是根据行车速度设计的，很少娇柔之曲线，因此是速度之美。尊重这两点并用灯光表现它，是正确的方向。

景观的照明与
照明的景观

越过古老的河道看科尔多瓦清真寺的夜景。
2018 年摄于西班牙科尔多瓦。

过去乡里把识字的人叫文化人，能识别美的景观，用灯光去有美感的表现那就该叫有文化的照明设计师。因此景观照明的选择过程、布光过程应该是专业行为，同时是对美学素养的考验。

入夜里可游的景观大多处于闹市或至少也在城市边缘，景观于是成为欣赏的对象。景观中的要素不仅可看，有时是功用所需，如凉亭，如座凳，健身设施。闹市中的景观中不乏广场，广场成为人们活动的聚集之地，景观照明的出发点与在景观内活动的人和在景观外观赏的人相关。

从看的角度而言，城市中所有可见的要素都可以成为景观，建筑当然，树木当然，道路立交桥也是，河流更是。往往城市中的一处古迹城池故园辟为公园时，最是人们心目中的景观。比如西安，比如北京，比如南京，比如苏州的古迹都是今日之景观。

因此当我们在表现城市景观的美时，我们会主动去选择合适的景观元素，单体，群体甚至一条长街，一片城市断面。选择的标准与景观的价值有关。而选择的行为与水准，上升到专业的高度来看的话，与能力素养紧密相关。在这些载体中将光融入时，产生的感受，也可以牵连到用光的文化了。过去乡里把识字的人叫文化人，能识别美的景观，用灯光去有美感地表现那就该叫有文化的照明设计师。因此景观照明的选择过程、布光过程，应该是专业行为，同时是对美学素养的考验。

上：灯具设备的景观化。
摄于西班牙萨拉戈萨。
右：道路灯具的景观化。
摄于西班牙萨拉戈萨。

上左：公园的景观照明。摄于美国。
上右：灯具景观的历史延续。摄于捷克布拉格。
下左：载体的照明。摄于新加坡。
下右：照明设备形成景观。摄于日本东京中城。

过去很多年，夜景都寄托在灯上，灯的表现很重要。去地方上见一些朋友，有的人会把我介绍说这位是搞"灯饰"设计的。"灯饰"长时间成了夜景的手段和代名词，我们今天也能看到招标文件中有灯饰工程招标一说。在城市中有很多造型独特的灯柱，还有用灯饰手法做成的礼花，椰子树间插于景观中。做过头了的地方，一个广场就是一个灯饰的海洋，动物形象、植物形象，百花齐放。灯饰的历史长了一点，会产生文化上的认可，不能一概否定，如天安门、人民大会堂上的轮廓灯珠，包括长安街的华灯，已经在人民的心中上升为文化的符号，被大众认可。

随着经济与技术的进步，现在的夜景重要性大幅度上升，城市亮化成为改善城市面貌的重要一环，因此有亮化工程一说。把目标定在使城市亮起来，从灯饰转到了景观载体，算是做法方向的转移。只是追求亮的意义被最大化，不亮大多过不了审查关。目标为了亮，对载体的态度只是借用，那尊重载体的程度还谈不到充分。观现实状态，过度选择载体，普遍亮的做法还很多。

最近官方的文件逐渐开始把城市夜晚的灯光照明分成功能照明和景观照明两部分了，我们有必要谈谈景观的照明。

我理解，为人的行动服务的光属于功能照明，为人的视觉欣赏观感服务的应该是景观照明，当然这是为了工作的方便为前提下的分类，为"观"和为"行"很难划清界限。

作为专业的景观设计，选择美的景观要素很重要。既然是景观的照明，景观载体的结构逻辑美很要紧，照明的度很要紧，这是这么多年来逐渐在设计界达成的共识，同时在专家群体中认可的方式，部分政府主管部门、开发商采用的优选方式。反过来有时用这种方式衡量项目的品质定位，并作为榜样宣传，当然灯饰和亮化的方式仍然占据大众市场。为大众服务的位高至市长书记也不时倾斜与大众共舞，实在难可厚非。美学建立标准需要多数人的认知，长时间的体验，不可能只有一种美的形式，因此不会出现完全理想的夜景模式。但是，用理想的精神，创造夜景的理想国是我们应该去追求的目标。

我们喜欢植物被照亮的感觉，但没有必要把所有的树照亮；我们喜欢建筑的灯光美，没必要把满街的建筑统统照亮；我们喜欢河流的倒影和岸的透迤，没有必要把漫长的水岸用灯带全部绑起来；我们喜欢射向天空的光束，千万不要长时间扰乱了天空的宁静，惹得星星直眨眼，月亮上嫦娥生气。

上：低调的建筑照明容易把自然的天光水色纳入画面。

2016 年摄于挪威奥斯陆。

下：景观与功能的兼顾，设备与铺装台阶的结合。

2016 年摄于美国芝加哥河畔。

厦门海悦山庄照明整体显低调，对景观的表现恰到好处。

当节能减排成为世界的主要话题，亮化与能源产生的矛盾越来越烈，克制的景观照明的表达方式应当受到推崇，应当受到重视。节能在规划、设计、产品选择、实施、维护等环节中都有牵连。

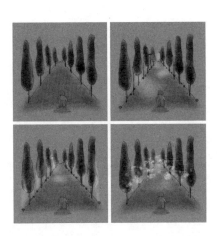

我就会加法怎么办？

注：究竟是由功能照明的结果产生夜景好，还是增加装饰照明强化夜景效果好，与经济实力、地域定位、喜好、流行都有关系，不好一概而论。一般的专业共识是生活的光、功能的光真实，结构的光尊重载体逻辑，是正确的选择。但是，灯饰又是中国文化的一部分，装饰光似乎是人们的当然喜好，专业人士的担心是粗糙的灯饰造型走上大街会不会拉低民众的审美。

宗教文化类建筑是城市夜晚表达的重点。
2015 年摄于俄罗斯圣彼得堡。

优雅是一种和谐，非常类似于美丽，只不过美丽是上天的恩赐，而优雅是艺术的产物。优雅从文化的陶冶中产生，也在文化的陶冶中发展。

光本身是一种特殊的物质。人工光的发光特性与其光谱有关，不同光源的发光特性是不同的，感受也不一样。但光本身只是驱走黑暗的工具，很难说光的文化性。实际上所谓文化可以理解为人类对行为的选择所产生的结果，在外人或外界看来选择行为本身就有某些文化的属性。

如何体现一个城市的地方光文化特色，是个很难的课题。事实上一些标榜文化题材的项目结果往往是很表象的，有时是破坏文化的。不必过分主张光与文化的关联。

从大的方面看，中国人对环境的认知观是有一脉相承的文化传统的。从历史看，钟情山水之好，崇尚自然景观是景观文化的主旋律。所谓"仁者乐山，智者乐水"。这种山水之好体现在文人山水画中，古典园林中，直至现代设计师也钟爱于此。山水之好就是中国的文化，也是中国的景观文化。景观照明的出发点就该立足此，以此寻找城市的光文化。

当然，中国文化中有些思想也是与山水清静之好有距离的，集中表现在综合、堆积、表面、象形等行为方式。中国的图腾龙，首先是综合拼贴而成的崇拜物。我们自称龙的传人，所以偏好拼接合成。再如中餐饕餮，一桌菜用罢在胃里定是搅拌酸甜苦辣，回味鸡鸭鱼肉，唯恐拉掉某一特色，亏待其中某位客人。今日倡导光盘主义，饮食美味节制也是审视饮食文化方向的反思行动。

传统京戏是国粹文化，有很深的底蕴在里面，但在行头上，表面化的美学思想也相当明显。人物是符号化的，演员的身体本色看不到。汉语丰富于其他语言数倍，汉字的核心思想是象形释义，我们做环境设计时，喜欢具象形式的思维定式倾向很明显，灯饰上也是要做出个形象的花样来 。也许是受上述文化精神的影响，这与芭蕾舞、英语的思维是很不同的，后者是完全抽象的。

什么样的灯光能反映城市的特色，我想应该是城市景观载体说了算，城市的特色表面在景观，深层内涵在生活。这两方面的恰当体现就是通过该城市的光文化特色的展现。没有特色的街道非要做出个特色来，往往会流于表面的文章。 将灯光变成灯饰，将灯饰做成具象花样，将花样贴满毫无关系的载体，并连成片，就是文化的偏离，是没有文化的表现。做有文化的思考又能忍耐时间的流逝去理解，挖掘文化，然后用光去表达，在飞速发展的时代变得难度大了，但是我们认为城市景观照明还

上左：中国山水的模式化表达。

上右：京戏中的铠甲式化妆。

右：芭蕾舞的人体结构性表达。

应该是优雅的，生活的，低限度的。什么是优雅？"优雅是一种和谐，非常类似于美丽，只不过美丽是上天的恩赐，而优雅是艺术的产物。优雅从文化的陶冶中产生，也在文化的陶冶中发展。优雅这个词来自于拉丁文 eligere, 意思是'挑选'。"这段摘自《优雅》一书中的话，似乎指明了对待环境的态度，有选择地，艺术地……

最近完成的《南京市景观照明建设导则》试图通过最低限度的手段解决一个城市对景观照明的诉求与建设表达程度的问题。南京是六朝古都，具有"山水城林"特点优势。明城墙的遗址与民国建筑是历史中特点最明显的，同时发达的现代金融商业区就被包围在城墙之中。本着一个城市一张名片的指导思想，将自然、历史、现代连续起来，做成夜景观览的长卷浓缩南京的景观精华，将其整体展现出来就是体现城市特色最有效的手段。在历史与现代载体之间限制装饰性灯光的使用留出暗区，在垂直方向上用冷暖色温区分层次，控制现代建筑的夜景天际线，放松行人尺度商业界面景观照明的统筹管理，保持商家个体的有活力的个性创新，对丰富现代金融商业具有很大意义，也减低了过分管理的成本。过去在这方面政府会投入大力度整治，结果多数为审美活力缺失的呆板街面。

上：西班牙塞维利亚。城市
中重点建筑的表达是光与文
化关联的表现。2018 年摄于
西班牙塞维利亚。
左：筼筜湖净碧的公园环境
中提升女神的城市象征意义，
用灯光演绎鹭岛传奇。

多数城市有新城，载体是现代建筑、现代景观，城市雷同现象严重，很多城市希望通过灯光体现不同，从灯光创意上虽然可以有各式各样手法，但寄希望于灯光解决过多的需求，会带来许多负面的效果。文化是有层面的，有纵深的，有历时性的，不是一朝一夕的事，灯光也是这样。

2011年10月9日至10日在北京召开了亚太照明设计论坛。中国、日本、韩国、印度、美国等照明设计师和相关者济济一堂热论了2个议题，其中一个就是光文化，亚洲的光文化，并欲将之定义为亚洲的方向。

把光投到了有文化信息的载体上面，就会感受到文化的存在。有人觉得这就是光文化，我说这不是光的文化，光没有文化，只是用光突显了有文化的建筑等载体而已。什么载体有文化，选什么载体照亮能体现出地域的光文化，也许选择过程就是一种有文化的行为。说到此是否可以把光文化理解为选择载体实现二者的有文化意义和行为的结合？当然光的载体包括人，人的行为与光的结合，也是光文化的重要部分。单独分析光，属性和意义实在难以确定，比如红色象征什么，蓝色象征什么，除了心理作用有些属于胡诌。就像人们常说有中国红，在五星红旗上这个结论没有争议地都是中国红，但在故宫的墙上就有疑问，事实上这两个颜色不一样。鸟巢和世博会中国馆的中国红墙都是准备了不同的红色样板挂上去看感觉定下来的，因此组合相当重要，鸟巢盖在西班牙，你还会说那里是中国红吗？

为了实现有地域特色文化特色的光景，就要找到相关的元素进行恰当的组合，恰当的程度就是专业水平的反映。比如在城市中，找有地域特色的场所，找有文化的载体给光，夜景也就有地域文化性了。现在某些城市把所有载体都给光，就会觉得有文化与没文化搅在了一起形不成独特的光文化；还有的城市只注重光设备本身的效果，忽略了与载体的组合，突出了灯湮灭了载体，其效果只能归为光物质或设备层面的表达，典型的数码管现象就是如此。与我们定义的光文化相去甚远，自然上不了专业评价的层面。

过节了，我得挂个灯串儿

注：念佛修行的境界有一个判断标准叫"着相"与"不着相"。估计说的是止于表象
还是深悟佛理，文化之光说的也应该是修养的深度，而不应该是用光把文化刻在表面
上。就像建筑创作中的民族形式和民族精神，就像长安街上各式各样的顶子。

光
污
染

光
景
观
与

丰富的商业景观对于游客是气氛，对于久居者有时就是污染。
平衡这种关系需要强度的控制和光的时间管理。

至今埃菲尔铁塔的灯光仍是景观照明的象征与代表，

当年那束探照灯光至今仍在放射着光芒，

只是灯光设备得到更新与提升。

夜间灯光景观是城市景观在夜间的再一次展现。灯火时代，这种景观几乎是没有的，除非一些节日居民打着灯笼集会或过灯节，真正的灯光景观是有了电灯以后的事。最初的灯光景观使人振奋的是世界博览会的灯光，如1889年巴黎的埃菲尔铁塔上的探照灯射出的光束。至今埃菲尔铁塔的灯光仍是景观照明的象征与代表，当年那束探照灯光至今仍在放射着光芒，只是灯光设备得到更新与提升。

在此之前的1878年美国人布拉许曾利用碳弧灯实现广场照明，只是碳弧灯的极端能量消耗和持续发光的困难难以成为人工照明的主流，白炽灯的使用才是灯光照明普及的开始。

早期的夜间灯光景观只是灯饰，比如用灯泡对建筑门面的勾勒。北京的天安门和人民大会堂至今仍保留着灯泡勾边这样的传统。

霓虹灯发明于1902年，在二战后得到迅猛发展。五颜六色霓虹灯出现是迷人灯光夜色的开始，这种灯光还可以实现动态的变化，因此霓虹彩色灯光与夜间娱乐场所往往结合在一起。可以说，人们对夜景灯光的感知主要来源于灯泡的灯饰效果和霓虹的色彩与动态变化，不过灯饰与霓虹只用于特定的场所，灯光夜景

左：1800 年的柏林波茨坦广场，弧光灯通明。灯光设施固定化与街道
上人的直接需求分离了。引自法政大学出版社《掀开黑暗的光》。
右：提灯上街的时代灯光的量与人的数量相当，人走灯走。灯火时代，
人们习惯了光亮不足的城市。

左：1930 年的纽约已经开始灯光街景的喧闹。

右：纽约时代广场是特别允许存在光污染的夸张的商业区域。

是纽约的特区。

的范围当时还局限在有限的范围内。

城市照明最大量使用的是路灯，这是为了夜间出行方便而设置的灯光设施，它与交通工具的发展是相辅相成的。1923年康顿范沃西斯发明的低压钠灯是发光效率极高（低压钠灯的发光效率可达200流明/瓦迄今很少有光源能超过）与寿命很长的光源，为路灯照明的普遍使用奠定了基础。出行道路上布置路灯后，就产生了城市级规模的夜景照明效果。现在大多情况，城市夜间灯光主要仍然依靠路灯。

1939年荧光灯问世，这是GE的伊曼发明的。这种高效且廉价的光源遍及工厂和办公设施，发白的光源产生现代摩登之感，美国、日本等国的大城市夜景主色调就是以这种荧光灯色调为代表的。时至今日，入夜摩天楼里透出的白色灯光统领着夜景的格调，灯光往往与城市现代化与发达程度联系在一起。有的国家甚至制定规则夜间开灯维持繁荣的感受及达到安全管理方面的需求。

促使夜间人工照明景观的建设往往与重大的节日活动联系在一起，历史上的世界博览会，奥林匹克运动会，都是夜景照明建

威尼斯的光是低调暗淡的，岛上只有行人。
限制了出行方式也就节约了用光量。

设的催生剂。1882 年 7 月 26 日中国第一盏电灯在上海点亮，1989 年上海对外滩实施建筑外观照明建设，开启中国城市景观照明的新纪元。1997 年香港回归，北京也建设了相当规模的夜景项目。在此前一年，1996 日本日亚公司用蓝光技术制造 LED 白光，LED 功能照明诞生，新的光源时代开始了。LED 光源实现颜色、控制的自由操控，色彩与动态的城市景观照明就此拉开了大幕。

三次重大活动把中国夜景照明建设推向了高潮。2008 年的北京奥运会，2010 年的上海世博会，同年的广州亚运会，强度与中国的经济实力一样，赶上或超越了全世界。LED 新光源的应用也迎来了前所未有的普及度和一枝独秀的状态。城市装饰照明受到城市管理者的垂青，城市居民的谈论话题。 成为城市到处可见由 LED 灯具做装饰照明的夜景。

城市夜间人工照明建设的增多增加了城市的亮度，城市居民的生活有时会受光线的侵扰 ，光污染的问题出现了，这是夜景观建设与生活者的矛盾。光线是无界限发散的，很难保证光线按我们的要求全部射向目的地，溢散光常常出现在不需要光照的地方。像城市的空气污染一样，光污染近年来也是呈上升趋势，而且空气污染助长了光污染的严重程度，光线射向空气中的微尘形成漫反射的光雾，加强了光的全方位扩散，形成笼罩在城市中的光团，破坏了夜的宁静，同时影响了光色的美感，这也是为什么空气清新的城市比空气污染的城市夜色更美的原因之一。因此夜景建设要与相关环境的整治结合起来。在一个空气污染严重的城市中，大规模的夜景建设收获并不佳。

光污染的防治也是个综合性课题。首先从理念上应理解夜景的美不完全取决于亮度，美的感受更多依赖于对比度与明暗关系。降低背景的亮度不仅能更容易突出景观照明的效果，同时对低碳社会的贡献很大。

从设备上看，大功率投光灯的照明方式控光难，溢散光，多应逐渐被小型精准的透光设备取代，直视光源的 LED 灯带使用也需改进为间接照明方式，表达时光线更柔和。城市从盲目亮化到有智慧地亮起来应该是管理者、建设者、设计师们共同追求的目标。

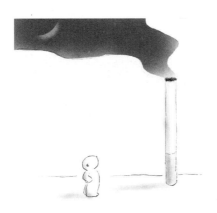

我知道抽烟有害，我就是想看看烟景

注：光污染就是光害。与空气污染、噪声污染一样都是弥漫在生活空间中的害。但这些害是伴随着利而生的，为了人类的美好生活。必须平衡利害关系，增加利降低害。但是利、害是并存的，有时是对等的，不能幻想只有利而无害，就像今天我们的共享单车、外卖、网购乃至网络本身。专业工作者，要研究的是把害控制到某一限度以下，同时尽可能发掘其最大可能的利，然过犹不及。老子说"天下皆知美之为美，斯恶已。"

有未来感的建筑与灯光。
2014 年摄于韩国首尔东大门。

任何事情都应该表里一致。

无论如何，掺杂多种色彩就是低级趣味。

城市灯光景观的生命力如何，有待时间的检验。事实是很多城市因为出色的夜景灯光而促进了经济活力与知名度，丰富了居民的夜间生活。如里昂、香港、上海等都是灯光夜景观的受益者，法兰克福也是。可以肯定，未来对灯光夜景观的认可度会增加，灯光夜景会更有魅力，设计建设水准会进一步提升，举办以灯光为主题的节庆活动的城市会增加。

随着城市的数字化管理进展，智慧型城市建设会成为主流。灯光景观控制会更人性化、智慧化，灯光的应用会更加符合适时适地适光适所的要求。灯光设备会更人性化，效率会更高，控制更容易。

关于用光的美学会有时代的潮流和设备的影响，但是品位与品质及美学的基本原则并不会随时代的改变而发生大的变化。看一下 19 世纪巴尔扎克的书《风雅论》就风雅的论述好像就是针对照明的美学要求下了定义，虽然跨了 2 个世纪：
· 风雅的构成原则是统一
· 没有整洁，没有和谐，没有相对的简单，就不可能有统一
· 风雅最主要的效果就是让手段隐而不见
· 趣味高雅的人永远善于简化需求

·任何事情都应该表里一致

·无论如何，掺杂多种色彩就是低级趣味

光色的景观最美来自于自然太阳光，晨光晚霞的美用人工照明手段是无法超越的，未来我们仍然脱离不了模拟自然向自然学习的轨道并且用光不能脱离生活。

未来城市将更密集更人工化，以山水人文的精神看现代金融商业城市，未来城市像跨越时空的电子山水。在立体的空间内，受控的灯光设备演绎着风景变化和人们的真实生活状态。

从设计手法与规则发展模式看，现代城市的趋同化会加剧。各个城市为了增强认知度会建设突出个性的地标，从灯光设计上也会为城市的可识别性贡献力量。

未来的灯光会更数字化且精准节能。从 2010 年在西塘尝试的低碳城市景观照明试验看，更加节能、更加体现人文生活的灯光景观探索会进一步得到倡导和推举。绿色建筑的推广会促进绿色照明的发展。在立法层面加强减轻光污染的力度，环境保护的意识加强，射向天空的溢散光将得到控制。

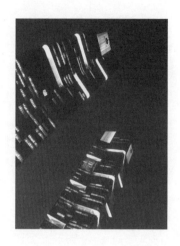

上：与建筑紧密结合的灯光一直是
设计界所推崇的。未来的问题是相
对固定的建筑与不断发展的照明技
术的矛盾。在谈到更新时，过分的
紧密结合会带来更换的困难。郑州
绿地中央广场双子塔的夜间样态，
摄于 2017 年。

右上：2010 年的上海世博会是对建
筑的探索也是对未来灯光应用的探
索，很显然，未来的光色会自如地
控制调节。

右下：2012 年威尼斯双年展上马里
奥奈尼（Mario Nanni）展示了他对
未来光应用的思考。

2014 年长沙梅溪湖展出作品"有限与无限",预示了光的无限可能性、复杂性及不确定性。

媒体影像作为景观的一部分。
2010 年摄于上海世博会。

从照明标准看，照度、亮度标准较过去有提高，客观上城市照明系统的完善会使城市更亮，系统性节能要求会更高，节能意义会更大。节能与政府的倡导和政策支持是分不开的，欧盟、美国、日本等国的能源法案都包含了一些补贴的内容。

国外有研究表明，灯光夜景对愉悦人的心情能起到积极的作用，夜景也是很好的旅游资源，当然还有很多值得挖掘的价值，美丽中国的目标应当包含美丽的城市夜色，在节能环保、尊重环境、方便生活的前提下，相信城市的灯光夜色会更加美好。

人工光的未来有 4 个方向值得探讨：一是用光习惯，二是用光标准，三是用光技术，四是用光时间。关于用光习惯问题，与吃饭习惯一样。生活好了什么都能吃到，什么都吃到满足，结果身体肥满，只能减肥。能不能以一种节约的心态饭吃八分饱，减肥就不需要了。用光也是一样能不能认可稍微有点亮度不够的感觉，用眼睛自我调节去适应，不要像东京地震缺电减少照度后无奈被适应。关于用光的标准，一般做法是向国际标准看齐，生怕落后，结果就追高不追低。能不能也像收入水平一样定个贫困线，收入不高再发点补贴这样就有了灵活性。用光技术上有很多内容，用节能设备固然重要，少用设备也是设计的重要理念。

我自己倡导1瓦行动，目的是提倡能用1瓦解决的问题不用2瓦，能用一只灯解决的问题不用两只灯，并且以实践证明1瓦的魅力。用光时间与能源密切相关。这里继续说说传统的观念，就是一年只过一次大年。天天过年是现代人的感受，把城市灯光造景的体验像对待传统的过大年一样，做一些回归，那么许多人会说：啊！灯光夜色真美。

你飞得那么快，我怎么能赶得上呢？

注：该文写于 2010 年，当时的生活环境与现在大不同。自从抖音出现以后，影像消费的节奏变本加厉了。未来的灯光是什么状态，我想除了照明功能外，光信息的抖音式消费也会开始。照明设计师会更多承担光信息相关的设计任务，"光信息设计师"也许会诞生。

几何图形化的城市——巴黎，埃菲尔铁塔作为其地标性的存在，非常突出，夜景地标独占鳌头。
2016 年摄于巴黎。

古代人把脉的思维是以自然规律为出发点的。

比如在山上种地，种水田，发明梯田的方法，就是利用水是平面的原理化山地为平原。

现代测量学，测量的表达方法就是跟农民学的，等高线法。

城市的景观框架如何归纳，或者找出城市的代表性景观是非常值得探讨的问题。我认为城市景观是有脉络的，沿着景观的脉络用光，夜间景观会展现光环境的主体性景观，显现城市有序的景观魅力。

为什么取光脉这样一个名称，我这里想借取中医的思维方法。中医是靠把脉来诊断的，也只有中医才敢把脉，西医不敢。这个方法延续了几千年，到现在也没有中断。我们搞设计需不需要把脉，我认为城市设计一定要把脉的，这是一种大局观的思维。现在西医已经很发达了，但是听诊器还没有淘汰，听诊器也是西医诊断中比较从大局观出发的仪器。

在自然界这个道理很明显，山有山脉，水有水脉，就是我们人，也有人脉。大家知道修长城是往山脉上修，山沟里修长城的人肯定是抵御不了敌人的。所以分析城市的时候要找到脉，这个脉络不是很难找，是有规律可循的。比如杭州的山水植物景观是切着脉用光的，大家的反响不错，如果不是这样，那效果就很难讲。过去的风水说就是对脉络走势的研究应用。因此古城中的风水脉络很明显，现代超大城市，超越了脉络的理论，城市的自有脉络已经不太有了，这就是城市千篇一律的开端。

古代人把脉的思维是以自然规律为出发点的。比如在山上种地，种水田，发明梯田的方法，就是利用水是平面的原理化山地为平原。现代测量学，测量的表达方法就是跟农民学的，等高线法。树也有树脉，树干树枝，由主到次，由粗到细，主次分明。我不明白的就是椰子树，只有一根杆且上下差异不大，海边台风很大，不知道这些树是怎么想的？

人际关系也叫人脉。有人用计算机做过这样的研究，计算人与人之间通过什么途径扩大自己的人脉关系？当然出发点不外乎家族关系、同学关系、同事关系、业务关系。中国的家谱实际上就是在理脉。人的大脑就是一个极其复杂的脉络关系。如何找到城市中的景观脉络，如何表现城市的景观，如何表现城市的美，各个城市的脉络都不一样。归纳一下，从更大的角度看城市的话，城市无外乎以下这几种方式。

图形城市：城市诞生以来的最基本筑城模式。天圆地方，实际上"方"就是城市的形态，与自然是没有关系的。

山水城市：山水和人居结合得非常好，顺应自然走势的城市形态，山水城相互辉映。

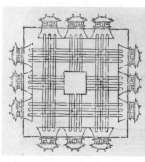

上左：图形城市的原初。

上右：南京突出历史现代发展的景观照明规划。

下左：沿水脉的布光方法。

下右：有山有水的城市注重可游性，路径和节点的选择是规划的要点。

安徽金寨街区布光概念图。

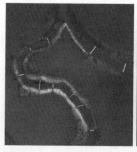

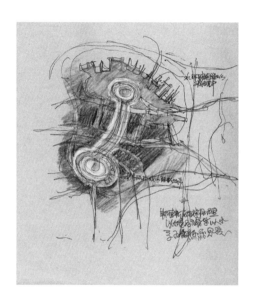

郑州市郑东新区的城市规划就是有意图的如意形，典型的图形城市为出发点的设计，照明规划也是沿着这样的逻辑。草图绘制于 2011 年。

断面城市：遇到一条大河，河两边建城，从对岸看就是立面或断面。比如说上海，上海为什么外滩很美丽，把外滩的立面放到小的内街里估计就没那么出名了。北京的长安街增加百米宽的河，估计会很漂亮。

市政城市：现在新型城市走到哪都一样，因为需求是世界性的，设计开发的人是没有地点性的，搞设计的人是全世界流动的，美国的人来设计，西班牙、葡萄牙都来设计，所有人都设计，他们的地点都不在中国，或者不在要建的城市，这个城市要做出特点来不可能，因此最后的结果就是市政城市，就是为了功能和通用美学而形成一种城市。

地标城市：城市没有特点，就得靠做城市地标来提高认知度，这就是全世界的城市都在建第一高楼的初衷。

综合城市：城市的未来就是什么特点都有的综合性的大城市，尤其在中国。

我们的工作就是要找回我们曾经认为充满魅力的城市可认知的景观特点，把它表现出来。

比如说图形城市，北京就是代表，用光应该沿着图形表达。上海的重点永远是外滩一带，杭州是山水城市，不能想象把西湖填平，虽然这些城市都在更大规模的发展。为什么杭州反复的打造西湖，你去打造其他的地方人家都不知道，西湖越打造来的人越多，发展其他的地方只能对经济起作用，对知名度起不了作用，为什么？脉在西湖。因此一个城市如果有这样一个地标，其他的要素就次要了，不必过分发力。

依据上述理念我们给南京市做了一个整体的照明规划。我们引入的概念跟以前的规划有一点不一样，是用把脉的方法把城市整体景观的精华析出来，而不是具体规定一些条条框框，头痛医头、脚痛医脚。寻找南京的脉在哪？大家对南京的印象是什么？六朝古都？南京有历史，有现代，有未来，找脉要寻找历史上有什么样的脉，现在有什么样的脉，未来发展有什么样的脉，我们就重点表现脉络的关系，这样才能展现一个城市的特点。南京所管的范围很大，主城区才是精髓。南京在民国时期城脉是以城墙为主线的。玄武湖是观游城池的最佳点，可以看到从自然的钟山到城郭古刹以及城中现代化的高层建筑群。梳理现在南京的景观特点，我们可以看出来南京现代化的建筑包围在古老的城墙里。在城外，是进一步扩大新城。这样我们提出来

沿山脉的建造方式，灯光是万家灯火式的存在。
2013年摄于希腊圣托里尼。

阿尔罕布拉宫建在山脊上，另一侧的服务设施就是观景台。
2018 年摄于西班牙格拉纳达。

断面城市。

三个概念，历史景观，现代景观，新城景观，后两个景观是谁都可以参与创意的。历史景观不能有过多的风格，要严格把控住。在上述原则下形成南京的整体景观照明规划，现代建筑包到古代建筑里面，未来的建筑自由发展，突出整体性和可持续性。

比如说杭州怎么把脉，杭州有自然、有生活、有建筑、有市政，首先自然是西湖，杭州的名片，杭州城是生活的，钱江新城是现代建筑群，萧山感觉是市政城市，这就是杭州景观的脉。因此做西湖最重要。

我们发现沈阳市也有这样一个特点，这个历史的脉到现代商业直至未来新区由一条叫金廊的主街连起来，因此沿着这个脉走不会错。

我们发现赣州市也有这个特点，有水脉，有城脉；城里建筑物景观无突出特点，未来发展在城外，这样的城市我认为水与城是最漂亮的，城墙给赣州带来历史的自豪感。但是如果把每一个现代建筑都做得很漂亮，忘了城墙就没法看了，因为脉不在现代建筑。

随着城市的现代化发展，必然地城市的独特魅力会越来越小，增加的只是共性功能。找回城市固有的魅力景观用光去表达，是景观照明规划建设值得推荐的思考方法。

光脉应该是城市景观最精华的脉。

你这个建筑压在龙脉上了，胆儿肥啊？

注：写这篇文章的目的是建议策划夜景建设要顺势而为，立足于城市。做设计要有整体观，就像中医望闻问切一般。城市夜景照明规划的意义在于规划布局展现夜间景观，及画面场景氛围等，学界的正式称谓是城市景观照明规划，与此区别的是城市功能照明规划。事实上灯光成为夜景观是并没有两者的分别的，在规划设计时也常常搅和在一起。有预设的夜景画面是要通过规划的，自由生成的夜景就像涂鸦一样，会超出预想之外。过多的计划会僵化，过度的放任无法聚焦，在这方面也需要把脉。

标志性的景观照明。

2014 年摄于匈牙利布达佩斯。

凡是发光体或出于某种功能需求被照亮的载体都构成夜景的一部分，有时候，这些要素会促进、干扰或影响夜景整体或局部的意象。

国际照明委员会（CIE）第 92 号出版物《城区照明指南》中指出 3 条城市照明的作用：

1. 确保人身与财产的安全；

2. 减少道路的交通事故；

3. 有利于社区形象的改善。

对于第 1、2 条来说，可以说是城市夜间生活的基本保障，而第 3 条则是对城市生活更高层面的要求。单从城市夜景形象而言，目的是指在满足第 1、2 条的基础上如何达到第 3 条的目标。目前各大中小城市所进行的规划项目中，作为专项规划内容，已开始接受城市照明总体规划的概念，且其主题内容多是以塑造城市的夜间景观形象为目的的。笔者从所做的数个城市夜景照明总体规划中体会到，城市景观照明规划中灯光的分配不仅是美学的考量，夜景展示城市的开始，也是能量资源的分配过程，是节能的源头。作为专业的规划工作，需要遵从如下几个基本出发点进行工作，即：服从城市总体规划的视点；以现场为基本的视点；景观价值评价的视点；能源优化使用的视点。

上：城市中的生活状态与灯光，交织成为夜景。

右上：城市中诸多灯光要素，移动的船只，也是夜景的一分子。2008年摄于日本东京湾。

右下：反映城市文化的灯光。古老的建筑。2010年摄于罗马。

一、服从城市总体规划的视点

一个城市的总体规划是城市总体建设的指导纲要。在规划制作之初，规划工作者就要对该城市进行详细的调查分析，在城市总体规划中，已经对城市的现状及未来进行了定性及定量的部署。总规中已涉及了诸如土地，环境，城市总体布局及发展方向，道路及对外交通，公共设施规划及用地功能分区，老城区的改造计划，景观绿地规划，甚至包括旅游的规划，从中我们可以概括出整体城市作为景观的现在及未来的存在状态。特别是城市规划中涉及的景观风貌研究，对城市特色景观已有论述。如城市风貌定位，重点地段，视线走廊，城市出入口，绿地空间，活动场所（步行空间），城市岸线及城市天际线，景观标志点，街道风貌等，为夜景规划提供了主要的参照资料，是进行夜景规划的依据和指导框架。当我们接触一个城市的时候，首先要咨询相关方面的内容，了解规划的制定情况和建设计划。从而基本确定夜景观规划的总体方向，做出夜景规划提纲草案。通过分析城市规划方案，确立夜景规划大纲，作为夜景照明规划的第一步框架。指导下一步的工作。

草案的内容中会大体确立夜景的主体意向，景观照明的区城重

上：从东京站上空眺望，灯笼般的写字楼彰显了商业的繁忙与城市的发达。2014年摄。

下：亮环境的场所容易有更多的人聚集。2013年摄于希腊雅典。

要性划分，道路街道照明类型和分级，标志性建筑物，城市轮廓线，城市立面轮廓等方面的内容，还有城市活动场所、广场、公园等。城市夜景照明规划参与人员不止一二个人，分工合作，分头行动是提高效率的办法，因此分层次分阶段确定框架就显得很重要。

二、以现场为基本的视点

城市规划的内容包括了城市建成区和未来发展区的规划，往往是 10 年以上的规划，而景观照明规划期限基本上是 5 年左右，同时以对现状的夜间光环境改善为重点，无疑对现场的把握才是根本。现场调查的内容相当多，工作量大，大致应从 4 个方面入手。

· 景观要素的调查和确认
· 影响城市夜景观的灯光要素调查
· 行人活动区域（广场、休闲带等）的调查
· 现有照明设施状况（包括建设管理现状）的调查

1. 景观要素的调查和确认

景观要素的点、线、面、区域调查确认，是夜景规划中的重点。
景观载体是城市夜间魅力度表达的依托，是人们对该城市认知
的直观要素。景观选取的方法应该具有广泛性，除了作为专业
规划人员的确认外，获得各阶层的人认可是一个重要的环节。
一种做法是设定问卷进行调查然后进行分析的方法，从一些政
府或民间的景观评选活动中也能够获得一些信息。

景观要素的调查应从三个层面入手。城市的尺度：作为城市标
志性的，对城市轮廓线有重要作用的载体，应该从调查中确立。
从城市内部来看，景观带(河道)、景观大道等城市景观的主导轴，
是分析夜景观表达的切入点。街道的尺度：从街区的层面而言，
功能定位的不同反映出不同的光环境氛围。如商业街区与住宅
区的区别是显而易见的，而工业区的照明方式也会与其他区域
有所不同。在街道中由建筑和道路网围合成的街道空间性质的
调查也是决定照明方式方法的依据。近人的尺度：反映建筑等
细部及内部空间使用状况的尺度，夜间光环境状况和细部表达
要素的状况等是需要调查落实的。

功能光与景观光的兼顾，光与景的魅力。
2017 年摄于葡萄牙波尔图。

没有关灯的城市办公楼是现代化城市夜景的象征。也是平日夜景的主导。
2011 年摄于澳大利亚悉尼。

2. 影响城市夜景观的灯光要素调查

凡是发光体或出于某种功能需求被照亮的载体都构成夜景的一部分，有时候，这些要素会促进、干扰或影响夜景整体或局部的意象。调查的目的也是对现有存在光要素的确认，以作为总体光环境构思的考虑因素，使夜间景观意象达到和谐统一。

影响城市夜景观的灯光因素大致列举如下：

· 指示信号类：航空标识灯，机动车信号灯，人行信号灯，警告灯

· 广告类灯：内透广告，外打光广告，显示屏类广告，发光标识

· 交通用灯：路灯，步道灯

· 广场活动用灯：广场立杆灯具，庭院灯，地面草坪灯

· 景观对象物照明：建筑、桥梁、小品、绿化等

· 室内光外泄

· 月光

· 移动光：车灯，船灯

· 节日光：烟火，探照灯，激光灯

在所有要素中，路灯是城市灯光的主导，很难离开路灯要素的

影响谈论景观照明。因此，以行车为主要目的的路灯如何与建筑等载体的夜景观相协调，亮度、配光、光色、灯具造型等不容忽视，当然其功能性永远是占主导的。还有广告照明，也是对夜景影响的又一大因素。在夜间，广告与景观的矛盾比白天更突出，广告照明的区域、规模、方式是调查的重点。也有一些次要的灯光要素，集中时有时会有独特的景观表现。如在东京湾岸区，林立的高层建筑上的航空障碍灯成了夜景观的一大特色。

3.行人活动区域（广场、休闲带等）的调查

近人尺度的夜间活动空间的光环境虽然不是直接表现载体的夜景，但所造成的夜间生活气氛却是城市活力的体现，也是提升城市形象的一环。夜间活动人群分布密度和行为取向的调查是确定观景点和视域的前提条件。活动区域按使用性质的不同而区分，如集会活动的场所、观光休闲的场所、观景点、商业消费点等。其中观景点的调查是夜景规划的一环，夜景观的表现是以观景者的位置为出发点的。另外，达到城市规模的夜景观会受城市本身载体的限制，而近人尺度的光环境往往是城市品质体现的地方。如广场休闲带等活动区域的风格塑造有时会加强城市的地域性特色，城市家庭灯、广告、小品、雕塑等城市

节日里用染色给城市化妆。2011 年摄于澳大利亚悉尼。

希腊雅典某站前广场。街头的商业灯光自然形成了夜景。2013 年摄。

公共设施的夜间状态往往会是生活者和游人评论的着眼点，是实施建设时应该下功夫的地方。

4. 现有照明设施状况（包括建设管理现状）的调查

现有照明状况调查的意义不在于对现有状况的批评和否定，而是我们进行规划方案时借鉴的重要方面。如已实施对象及区域的调查能提供给我们分析该城市景观重要性的线索，从照明方式、灯具的使用状况调查能了解当地对照明的认识、经济水平、施工技术水平、市民意识、能源利用状况等。

现有照明设施状况的调查还应包括建设管理现状的调查。即：①政府的建设导向（政府重视夜景照明与否）；②企业的意欲度（企业自主设施对夜景照明的重视程度）；③社会环境的健康度（夜景设备的保护意识）；④管理力度与制度（能否做到可持续性建设与维护）。

景观照明工程的实施一般以政府的市政建设部门为主导，资金来源、用电政策、建设实施主体等也都很关键。我们要从建设状况来了解夜景照明的需要、经济能力、电力供应状况等。在一些商业发达的城市，民间业主的装饰照明意欲是很强的。在这些业主中，自觉不自觉地都把自己的大厦作为重点标志，且标新立异，这时规划的意义是需要做出一些制度来限定。而有的城市中业主对夜景照明的意欲度很低，往往要政府从资金及建设方面进行全方位支持，才可能实施。

三、景观价值的评价分析的视点

可持续的夜景状态成为夜景观，就像美术作品一样具有价值，需要鉴赏和评价。夜景观的选取已是一门复杂的学问，夜景的价值高低也就会影响到夜景建设者的判断倾向。杨公侠教授在《视觉与视觉环境》一书中阐述了视觉环境的评价和鉴别，列举了使用语意差别评价量表的因子分析法。一些国外的学术研究中也多见使用此方法进行景观照明评论的成果，这些也为我们选定景观提供了理论依据。我们在提取城市夜景要素时，实际上也是从城市的景观价值上去定位，从而决定规划设计的方向的。一些脱离城市实际，硬搬其他城市的优势景观进行夜景建设的做法是很不足取的，结果只能是能源的浪费。一般来说有河流穿过的城市在景观上是占地理优势的，这就是为什么大家都愿意以山水城市标榜而趋水的原因。

四、能源优化使用的视点

能量合理使用及环保理念在规划中的体现与否，也是夜景价值的衡量指标。以整体城市为基础的夜景规划的基本出发点，应该就是对能量合理使用分配的规定。我们知道在照明设计中要突出对象物体时，与环境亮度的对比度大致分为5：1，特别强调时需要10：1，因此，夜景观的明暗关系很重要，绝不是单以亮度（照度）作为标准的。夜景规划中要明确亮度级别，首先要把环境亮度降低，分亮度层次进行夜景规划，才是对能量使用的优化，对环保的最大贡献。照明设计标准出台能量密度限制的具体指标规定，也是同样的目的，但它的实施前提应该是对景观对象物照明层次的科学划分，而这正是夜景照明总体规划的重要意义所在。

放心吧各位，经过我的手你们就一样帅啦！

注：以指导城市景观照明建设的规划为目的，和以实施前的照明建设总体策划侧重点与方向有不同，前者关注布局与投资，后者聚焦更多的是关注像城市设计那样的形象场景。能够像城市管网一样建设的应该是功能照明体系，景观照明体系有时候与趋势流行有关，体系化很难，详细的前期调研是接地气找依据的理性做法。

宁静的湖边，很少的光量就能满足要求。
2017 年摄于巴塞尔。

不合人类自身的生物性规律的光照射，会产生反射性错觉。

如晚上的强光照射，会误以为白天的到来。

这个事实在现代养鸡法中得到了佐证。

四五月天雨量骤增，广州街道都被水淹了，让我从城市雨水容量联想到了城市光容量的问题。

记得几年前在暗天空会议上，我未经科学研究斗胆提出城市光容量的概念设想，觉得一个城市能容纳的光通量额度是有数的，可以测算的，实际上我是怕城市也给光淹了。雨是天操纵的，光是人操纵的。天难胜，人可教也。怎么就研究起光容量这码子事呢？几年前做某城市夜景规划时，业主要求提供用电量及投资估算，我们没有经验，于是就想到了能不能从照度（亮度）规划反算光通量，再按效率，维护系数等算出灯具使用数量，那投资和用电不就有答案了吗。不过当时算出的数字很吓人，怀疑小数点点错了位置。科学在进步，哥本哈根会议讨论碳排放问题，讨论了给各国的碳指标。据说碳指标还能交易，显然已经是准确算出了各个国家的二氧化碳的总排放量，令我吃惊不已。更有甚者，据说外国学者研究出牛屁是碳排放的主要祸首之一。如此说来，碳交易的一部分就是牛交易，让牛跨越国界移动做交易就可以求得平衡了，那么光排放比碳排放要好计算多了我觉得。如果建立规则，也可以相互限制，甚至做交易来平衡。超量光排放的唯一祸首就是人，可是人不能买卖交易吧，只能惩罚了。惩罚谁，照明设计师算不算一分子，啊，有点后怕了。

其实没有二氧化碳，空气中只剩氧气、氮气也是不行的。光量与雨量一样太少了也有问题，太多了溢出去也不妙。如果夜晚户外没有足够的光，蜗居的人可就更憋屈了。光容量这个问题够得上照明方面的硕士或博士论文题目，值得一推究。我这里讲的光容量是与时间相关的容积的概念，是立体的。

光量多了对人生活有害，这样的研究在国内外诸多研究杂志上屡有论证。前些天听中岛龙兴先生讲座，谈到了在自然光中进化而来的人类对光的依存规律特点。工作、休闲、休息、睡眠、早中晚的光量光色皆受于太阳光。光照像指令一样指引着近万年以来人类的生活状态。而近代开始越来越自由的随时随地的人工光消费，违反了人类对自然光接受的长久依赖的规律，结果影响到人自身的健康、工作效率，甚至产生疾病，听后颇有感触。

受到不合人类自身的生物性规律的光照射时，会产生反射性错觉。如晚上的强光照射，会误以为白天的到来。这个事实在现代养鸡法中得到了佐证。利用生物生理特性，用长时光照的方法，让鸡认为晚上也是白天。鸡很傻，果真就把黑夜当成白天，不停地吃，不住地长。本来母鸡下蛋两天一只，这样一来，就一

威尼斯的灯光突出近人尺度的功能照明，丰富的水面强化了景观的感受，
整个城市用光量很少，当然人是步行的，岛上没有车。2011 年摄。

人们在光下聚集。2013 年摄于希腊雅典。

天一只，甚至一天二只。肉鸡本来一年多长大，现在45天就肥嫩嫩地上餐桌了。结果是鸡的寿命短缩，老母鸡就只剩下个概念了，只有山区僻壤有。当然这样做解决了亿万人吃鸡难的问题，也是科学创举。现代工业化生产也采用为提高效率的用光方法，人有点像鸡。

人其实也很傻，也会被光迷惑。如酒店采用的类日光全光谱白炽灯光源，低色温低照度，使人有日落而歇之感休闲放松；而工厂的高照度高色温，如日中天，工人们精神高昂加紧劳作至深夜。至于娱乐场所的动态光，使你不能安然，腿不舞心也得动。

生存环境要保护，人类还得置身于自然，或尽量维持自然状态才对。所以我们应该学习现代碳排放的先进管理理念，全方位立体地看待人工光量的问题，定义城市光容量。只有解决了城市光容量的问题，城市布光才有了前提，城市相互之间就不会再在亮度上较劲，就会回到理性上来。把光通量用到合适的地方、最需要的地方，载体选择就会择优而选，夜景建设才会适度。可以说，光容量管理是让城市夜景更美好的前提。

从光容量的观点看今日夜景规划的布光行为和标准，发现了一

上：东京的街道商业密集，灯光丰富，光的总量明显比世界上其他城市高。2008 年摄于东京。

下：纽约时代广场。充满发光体的街道达到了光容量的极限。当然，在同一个城市中有容量爆表的区域，一定会有幽静低亮度的区域作为补充。2007 年摄于纽约。

些问题。如国际照明委员会（CIE）的城市照明分区标准按E1区、E2区、E3区、E4区进行的。标准值规定，城市越大越亮，越中心就更亮，看似合理且当然。其实大城市小城市的人是相同的，人均饭量是基本相同的，人的视力是相同的，汽车是相同的，道路亮度是差不多的，那么均值应该差异不大，只是人的户外活动内容、时间长短与载体规模数量和用途不同而已，没有道理平面的区分对待城市、郊区、农村。就是说，不应该单纯的、平面的强调区域的差异，甚至视觉差异，而是要在人均需求与环境平衡的前提下确定城市总光容量。小城市总光容量小，自然就得少用，大城市指标多，用途也多。因此，新时代的照明标准应该是总体的、立体的、多维的，即使分区也应该是V1区、V2区、V3区、V4区，因此我建议将CIE（国际照明委员会）改称CIV（国际光容量协调委员会）。

我很羡慕有关碳排放的研究效果。很多人认为低碳是一种经济，到夜景经济方面的研究成果，又联想到奥运会、世博会开幕式都在晚上举行，很给夜景建设相关者荣耀感，使他们颇为自豪，可结果还是输给了低碳运动。为什么这么说呢，为了号召低碳，他们瞄准了夜景灯光，采取的行动是熄灯一小时。其实我觉得开幕式也能在白天做。

你再大就不是只鸡啦！

注：该文初写于 2010 年 6 月 3 日。2010 年 5 月 7 日广州被水淹，2016 年 7 月 6 日武汉被水淹，2016 年 9 月 3 日在杭州习主席与奥巴马总统先后向联合国秘书长潘基文交存中国和美国气候变化《巴黎协定》批准文书，2017 年 6 月 1 日美国总统特朗普在白宫玫瑰园宣布退出《巴黎协定》。近年北京开始疏解首都非核心功能，环境问题以各种样态出现，逼迫我们做出选择。总体看来，城市有容量问题，适合人类生存的环境要有指标限度，光量在城市中一定能算出合理的限度的。

埃菲尔铁塔的灯光虽然随时代的发展有新的灯光元素加入，
但亮灯成为非约定的责任。它是巴黎的灯光财产。

照明景观是一种存在，有人说这也是一种物质性景物。

为了长久性地维持夜景观存在供人欣赏，有的学者已经开始呼吁认定夜景作为遗产，意在将它永久保存下来。

去日本著名的金阁寺参观的时候，偶然看到一张很美的寺庙被照亮时的照片，于是也想夜晚能去参观夜景。但询问后得知，这个寺的建筑构件表面全是用金箔贴上的，国宝级文物，所以，根本就不允许有照明。那为什么会亮起来，还亮得如此剔透美丽？问了内部管理人员之后才知道，原来这是几年前电影导演临时布景并拍摄记录的场景，用完之后已将所有照明设备撤走，寺庙又恢复到原来的状态，也没有再亮过，灯光场景就此消失。然而寺院却把夜景照片记录做成明信片销售数年，全世界都传播起这张照片，这是什么做法，难道是夜景的保存方法吗？真夜景没了，照片保存了，相当于信息的网络传播，只是本体不在。说不定有人看了照片想看夜景才来参观此地，真来了，看不到，那这种做法就是欺骗。

上面举例是不存在的夜景的保存方式。还有一种是因存在而获得价值的，最典型的代表就是香港维多利亚港湾的夜景。试想一下，如果它被熄灭了，没有光了，你会感觉如何，为了去看夜景的话肯定觉得很失落，是一种损失。可以说，光被物化了，因此，当和价值联系在一起的时候，也变得与有形景观等同。比如说，旅行团的团价中有 30 个景点，其中包括夜游维多利亚港湾，总团费 3000 元，于是可以折算为这一处夜景 100 元。如

上左：起始于博览会期间埃菲尔铁塔的灯光。塔虽为博览会而建，但它已成为述说巴黎历史的地标。

上右：德国法兰克福灯光节的作品有策划地分布于不同街区，参观灯光作品的同时参观城市。

右：夜景作为有价值的景观促进商业活动。

果没有了光，那是否旅行团要退 100 元给游客了？这个夜景的价值，已经被具象化了。

照明景观是一种存在，有人说这也是一种物质性景物。为了长久性地维持夜景观的存在以供人欣赏，有的学者已经开始呼吁认定夜景作为遗产，意在将它永久保存下来。因此夜景的价值与存续，也成为城市经营的课题。

再远一点可以吗?

注: 场景不在或无人机拍摄似的传播越来越多,人们会忘记本地的存在与否。反过来,夜景作为恒持的景观存在的话,要想利用其价值就有维持的义务与责任。建筑也是一样的。世博会的建筑是要拆掉的,保存下来的建筑就必须像永久建筑一样对待。开幕式演出等的灯光是临时性的,没法实景保存。城市灯光可以保存十年、二十年,起码具有半永久的性质。

西湖文化广场灯光设计是对于城市夜景与建筑本体的平衡。
2010 年摄。

西湖之光应该是「隐」光，钱江之光应该是「显」光。

隐光把握的是品质，显光是要追求看的信息量。

杭州要打造"品质"之城，对于夜景建设来说，我想应该要提打造"品质"之光了，而布光应该是理解杭州后才能开始。坐在西湖边，用玻璃杯泡一杯绿茶，远望湖水的缥缈，回观城中错落楼宇，品着青涩淡雅的茶的味道，开始妄议杭州。

一、杭州的官民文化

作为历史悠远的文化古城，江南市民细腻的生活文化贯穿到了每一个细节中。曾经宋代的国都，又使我们感觉到砖墙青瓦的后面有城池的影子，方言的背后有一些掺杂的官音，查查历史发现确实杭州话也曾经作为官话使用过。因此，杭州不同于苏州等江南古镇的小隐生活状态，也不同于北京以古都为主导的大显格局，更不是上海外滩的洋式一目了然。这是我理解的杭州城特有的白天到夜晚的境界与生活特征，我觉得这也是夜间光环境策划参考的首要要素。杭州的夜间光环境创造是建立在对杭州的历史、现在、未来的城市发展及市民生活和游人的行为理解之基础上才能建立起来的，因此难度很大。同时杭州面貌又在急速变化之中，杭州的文化底蕴使得任何景观表达都必须"显""隐"恰当，很难一目了然的简单，夜间光环境的规划实施也是如此。

上左：奥体中心作为杭州主城区从历史走向未来的标志，高调处理光的表现。

上右：城中生活区的光环境应该注重每个角落和细节。2014年杭州拱墅区照明规划。

下左：杭州市民中心照明设计，这是位于钱江新城的中心建筑，前后设计花费7年并未完成。

下右：符合现代建筑特质的照明设计方案。

二、杭州的内与外

从外部来看杭州，杭州的历史积淀、自然人文景观使它对外的形象很难脱离以旅游为主导的印象。在杭州做生意，也是一种"商＋旅"的感觉。但在杭州旅游，多不是停下来看景，而是游走与小憩中生出的观景惬意。杭州有好多为市民生活服务的休闲开放空间，它与游人的商旅空间混沌于一体，虽然季节变化冷热有异游人有希满，但游者与生活者的环境体验感与深入感是无分彼此的。在夜里，夜景或光环境的营造既是为游人也是为生活者所为，光的状态具有了双重性。

三、杭州的湖与城

从杭州的城市发展速度来看，以西湖景观为主体的城区规模与格局已容不下太多，历史上曾有的西湖缥缈感越来越不明显。在夜间，城市生活的印迹，生活的或装饰的灯光烙印于湖中的倒影已占湖面过半，处于西湖中看西湖时西湖的视觉感已变小了。相反从城市看西湖时，因为是从亮看暗，沉静在一片夜色之中的西湖并未有形可言，可见的夜景观多为路灯，景观灯灯头亮点散落其间，很少有白日的深邃与层次。只有孤山上的灯光泼墨从更大的视野上拓展了湖的空间形态，映出西湖的水面特征，增加了夜间游赏的愉悦。但这种从生态的意义上存在另议的灯光手法，显然受到了多方面的限制，西湖的光很难彰显于外表。

四、从西湖到钱塘

浙江经济的高腾与杭州区位的优势引发了城市的历史格局与现代城市要求的规模、形式、内容之间的矛盾，为了给城市膨胀提供足够的空间，杭州新时代的城市目标不得不转移到钱江新城，这样它的定位才能与浙江经济实力相匹配。新城是现代的，可以摆脱历史的重负，尽情地表现与施展。从西湖到钱江的发展，单从空间与景观特征上看，也是一个尺度由近到远，由低到高，感受从隐到显的过渡。由此看西湖旧城与钱江新城的夜景时，城市断面上的布光强度应该是由弱到强、由地面升入到天空的过程。地面是人们活动的地方，是休闲的近人的尺度；高空景观是大尺度的、远距离的，在景观上多半是张扬的、展示性的形态。因此，西湖之光应该是"隐"光，钱江之光应该是"显"光。隐光把握的是品质，显光是要追求看的信息量，也可定义为"信息"之光吧，这是两个区域夜景光环境定位的不同之处。

历史区域用光是尊重风景的光，低调的光。

 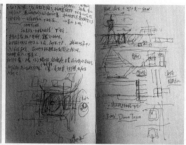

上左：西湖文化中心构思草图。

上右：在城市中心如何让生活的空间充满活力是光与信息规划的目的。

右上：西湖文化中心在运河边上。

右下：一江两岸成为现代化建设核心区，照明科技与表达的自由区域。

五、"生态"之光

西湖的光是什么样的，很难一下子说透了。郝教授在西湖光环境改造提升规划中提出的"生态"之光，我理解是要再次找回都市夜生活与自然的和谐。西湖有了喷泉夜景，有了"印象西湖"，每一个内容的增加都是一个夜景的亮点，却会使西湖的自然生态与历史景观感受变弱，削弱西湖的自然人文景观价值，这也许是在夜景规划中重提生态之光的意义所在吧。

如何策划西湖夜景光环境，也许照亮西湖远处的景点和景色并不是上策。规划地面光，营造有光的活动场所，完善夜间观景点、休闲点的基础照明条件，诱发游者隔湖看城市夜景，我想才是一个更好的策略。毕竟自然景区不能与城市建筑街道比光强比亮度，由暗处看亮处才是合理的、经济的选择。而由亮处看暗处的景观意义就没有了，这也是在城里感觉西湖的夜晚为什么这么暗的原因。西湖景观是"游"的景观，西湖的夜景目前还游不起来，因此在西湖对岸边引入一些活动也许是一种上佳的办法。它不同于营造钱江新城夜景时是以远观为主要目的的，光的强度密度可以加大，就像外滩、浦东、香港维多利亚湾。

以上是自己对杭州城市特有的光环境特点定位的理解，对于一个城市光环境设计工作者来说，其实我们的每一步工作都是在围绕如何实现自我作品的准确定位与"品质"的，每一项工作都在按照是否符合"适光""适所""适时""适具"的要求在进行查验，相信这种努力会与城市光环境的品质提升关联起来。

就让我先飞一会吧！

注：此文初稿成于 2008 年 5 月 10 日，时值杭州城市街道品质提升之时。从西湖到钱江属于城市发展的不同阶段，用光表现历史文化，用光关注城中生活，用光拓展未来发展意象。历史风貌用光要尊重，现在生活街区用光要充实，未来开发城市照明系统要自由与引进科技，这是对待城市光环境的基本原则。

第三章　亮城

米兰车站的入口处，这个光的装置在弱光环境下一目了然。
摄于 2011 年。

原始人玩火是艺术，现今人类高调玩光，让·努维尔把灯光请到了座上席。

春节，去了威尼斯、米兰、巴黎。一方面想看看洋建筑，另一方面想看看外国古老名城的灯光夜景。威尼斯街头上有很多出售明信片的小店，看到上面有威尼斯日出景象的照片，心血来潮，何不去看看威尼斯的日出呢。于是一行数人次日 4 点早起乘公交船到威尼斯的离岛——利多岛（LIDO）看日出。船很快就到了小岛上，徒步至沙滩。时值冬日，沙滩上渺无人影，水冷风寒，漆黑漆黑的，只有启明星在天上挂着。太猴急，显然来早了。为了驱寒，在沙滩上奔跑了起来。带来的照相设备没有闪光灯，只有怀中 1 瓦的 LED 手电筒。也想看看黑夜里光的能量感受，遂作怪对准于海滩的众生，快门按下。一组突击行动组的照片立即呈现，意想不到的光轮，使众人惊讶望外。于是玩兴大起，直至东方鱼肚白，却遇上雾大，海天不分界，看日出就算是泡汤了。黑暗中光影游戏驱了寒，留下了情影，也算在外国玩了一回，日出就不诱人了，打道回府。

过后回味，觉出点儿道理，给场地介入一束光，就会有不一样的收获。想起了在米兰中央车站看到的正门口光三角装置的感受，偌大的帝国式建筑，倒吊一个轻率的光三角，却感觉光的戏物在增辉。

在巴黎参观了新建筑。巴黎的拉德方斯大门挺端正，不像CCTV那么歪了巴斜。张望一番结构空间细部及装灯位置等后，乘梯下到地下通道，想往回走，却发现在室内地面上孤零零地安装了3个地埋灯照着天花板。想必是要在天花上做出一片光亮抬高低沉天花的压抑感吧，或是通道内光明的指引。在室内通道正当当的安个地埋灯，做法倒是不多见，因为很晃眼。每每人过，光照人，人留影，天花颤动。不知是光在戏人，还是人在戏光。干脆，派三人作原创行为艺术状，直直立于地埋灯上，光射上去，人形诡异，非同一般光景，不知是否合了原设计者的意。管它呢，反正在著名的拉德方斯新凯旋门的地下空间，又记录下了光影游戏的行踪。

想想有时做建筑的灯光环境设计时，确实也会用光做游戏般的场景。游埃菲尔铁塔时无意中俯瞰到了让·努维尔设计的原始艺术博物馆。下塔后，匆匆步行至院内，已至黄昏天色，见院内杂草丛生（查资料得知乃是景观设计手法），草丛中立了诸多发光棒。建筑体底层是架空的，抬头可见曲折的楼板。惊奇的是这些个发光棒的上端能射出光，投到楼板底面上，构成一簇簇光环相叠的图案，酿出建筑底面的新风景，放眼望庭院，着实不一般。努维尔就是努维尔，以前参观该牛人设计的丹麦广

手电筒的微光照在利多岛的沙滩上，与晨曦构成一幅梦幻的画面。摄于 2011 年。

一行人在微光中做起了游戏。2011 年摄于威尼斯利多岛。

上：有时候一盏灯的作用对于环境的照顾就够了。2011 年摄于百花印刷厂事务所所在地后门锅炉房。

右：利用材料的折射分光在架空的楼层地面投射出几近原始的涂鸦画面，呼应了原始博物馆的主题。摄于 2011 年巴黎原始博物馆。

播电视台演播厅时曾被震撼，这回又至木呆。说道原始艺术博物馆，原始人玩火是艺术，现今人类高调玩光，让·努维尔把灯光请到了座上席。

玩光之前国人其实长久嗜玩火、玩灯，有每年春节元宵灯节为证。正月十五傍晚乘机从外地回京，俯瞰祖国大地，一路烟花爆竹闪光不断，进至河北到北京一带，情景更像是烟花绽放的地毯，几近一派火海，古老的节日与玩火的爱好一触拍案惊绝。国人要是兴起玩光游戏，估计了得。

又想起一个一天做出来的照明设计行动。前段时间，我们在王昀先生设计的西溪湿地项目上做了一次照明设计实验。当时的初衷是，测试一天能做什么的设计？于是，拉了一车设备和灯具过去，晚上就在建筑体和周围进行现场实验，把很多照明的手法，包括投影等都用了上去。还在它的白墙上放影片《地道战》里的影像，并且也做了很多彩色的灯光变化，一晚上"折腾"出多个很好玩的创意。这甚至让我觉得，花一年时间做的设计和一天设计的差不多，引发了对日常照明设计的思考。看拍电影、做场景，这些都是即时性的，但往往都能做得很好。而我们做设计，时间长了以后，就会产生惰性，最初的即兴想法慢慢都被消解了。通过这样一次现场的体验，想看看在现场集中精力进行照明设计和实施，亲身体验将其他干扰排除在外以后，短时间内会产生怎样的可能性。也可以说，这是净化灯光创作环境的方法。

你们找吧，我想照照我自己

注：此文写于 2011 年 3 月。对于新建建筑来讲建筑照明设计是个费时日的过程，一般要跟随三年的建设过程，从初心到耐心直至结果放心。创造临时场景却不同，从准备到实施也就几天，初心的热情能持续到结果，无拘无束，灵感汹涌，目标聚焦，撤场迅速，似游戏一般，很像拍电影。

光
的
最
低
限
度

有光的地方就是舞台，没有光的空间回归黑暗。
2010 年摄于北京顺义区桥梓公社。

回顾一下开幕式的灯光，

老想起 2004 年雅典的那一回，

一汪水，一片光，二人轻舞，橄榄枝，于脑海拂之难去。

学长的工作室坐落在怀柔桥梓艺术公社。开张之际，赶上公社内艺术大家们的一次策展，叫最低限度（时在 2010 年 10 月 31 日），取意大概是对艺术家创作过程的原初状态进行展示。虽然在山沟里，但如沈少民、渠岩、王广义、徐坦等大艺术家们的影响却也了得。受学长大师之托，要给晚间到访工作室的客人一点光的指引。我环顾山坳，斗胆建议，那就让我也做一个最低限度的光吧，学长欣然首肯。于是我托厂家搬去了几只LED 投光灯，在有限的部位作了照明。灯光试验之时，通过可调亮度旋钮将光通量几乎调至最低。夜幕降临，这束最低限度的光却平添了工作室的几多温情，惹得隔壁邻居大艺术家沈少民先生也邀我给他的方盒子工作室亮亮脸。沈大师的艺术风格犀利，以狠绝著称，如"一号工程""奸 --X"等，我斗胆未从命于要求，揣最低限度之光旨意，只用了一台灯投光劈出一个房棱角，风格犀利却如艺术家本人，看罢沈大师乐了。

此次活动中光的点滴掺和让我觉得，其实有用的光也就那么一点点，用在刀刃上，不需太多。就此更悟得了以"最低限度"为题的艺术策展者的用心。

前一段时间受邀游览了几天新加坡，看井然之夜景不尽叹服。

以前知道新加坡做了夜景规划，也看过相关报道的部分成果，不想实施的结果就是规划的设想，令我在国内做了数多城市夜景照明规划的人仰羡不止。看看人家，想必这是严格管理下新加坡的正常态限度。这个度是资本主义自由竞争相互攀比后的相互忍让，共唱和谐的度？还是畏惧鞭刑下的无奈度？总之，对于外来者的我看来，这个规划度带来了非常新加坡的魅力度。

说到度的问题也是亮城计的重要问题。我想应该是有计划下的光的最低限度。这个计划既是设计的计划，也是管理的计划。这个度既是物质的度也是心态的度。

关于我们要冲击到究竟怎样的高度，在这一二年内我们就有幸全部经历了。比如 2008 年 8 月 8 日开始到 24 日止的北京奥运会灯光的绚丽度，比如 2009 年 10 月 16 至 10 月 28 日的山东全运会的灯光亮度，比如 2010 年 5 月 1 日至 10 月 31 日的上海世博会的灯光多彩度，比如 2010 年 11 月 12 日至 11 月 27 日的广州亚运会的灯火燃烧度。

这样的度无论是怎样的度我们注定是一般无法超越了的度。无论从钱的投入度，灯光的绚烂度、规模度与亮度，还有娱乐度。

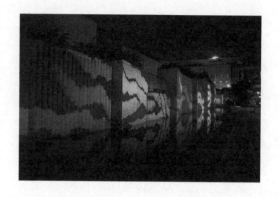

上：墙面壁画使用反射材料，
庭院灯的余光照亮了壁画。安
静的水面也把壁画延伸了。
2007 年摄于美国洛杉矶。

右：一只灯赋予建筑细部以性
格特征。2009 年摄于义乌佛
堂镇。

奥运会时比较谦虚只是几个脚印走在天上，到了亚运会就是焰火烧身直奔小蛮腰。据统计，奥运会开幕式用了 20 万盏 LED灯具。世博园区内使用了 10.3 亿颗 LED 芯片，这些个数据都是度的挑战。

前一段看星光大道选秀节目，那个陕西的民歌手阿宝，唱得好，嗓子高八度，时间拉得长的袅袅。遇到类似唱法的歌手我就老是担心唱不上去怎么办，每每捏一把汗。唱歌分八度，八度以上就难了。酒店分五星，超过五星就难了，有说七星的我老担心开什么房上什么菜，选什么服务员，轮到我们用什么灯。

好在我们的时代不同了，力量确实增大了，说干还就真能干成。不像过去人有多大胆地有多大产的年代，为了亩产超千斤，得把几块地里的粮食往一块地里凑，应付上级检查团。

每一个重大活动后，都会有地方上的上下争相传颂与心领神会，把自己的城市夜景打造与这些活动挂上钩并欲看齐。因为是世界级的，国际级的，亚洲级的，国家级的，他们都这么做了，那就是正确的代表，不学它还想学谁？本来平静心态下的设想方案被盛会的灯光给搅翻了，只能重新来过。

最近学习数码照相机的曝光原理，看到内有曝光量的说明，知道曝光过度就是一片白，没有内容。几个大的活动后，也老感觉有空白感，是不是过度带来的原因。回顾一下开幕式的灯光，老想起 2004 年雅典的那一回，一汪水，一片光，二人轻舞，橄榄枝，于脑海拂之难去。

看看诗人北岛对光的领悟："据我们物理老师说，当人进入黑暗，短短几分钟内视力可增至二十万倍。看来黑暗让人洞若观火。灯火本来是人类进化的标志之一，但这进化一旦过了头，反而成了瞎眼睛。想当年，我们就像狼一样敏锐，迅速调节聚焦：刷——看到火光，刷——看到羊群，刷——看到无比美好的母狼。"

看看诗人北岛回京的感受："二〇〇一年年底，我重返阔别十三年的故乡。飞机降落时，万家灯火涌进舷窗，滴溜溜儿转。我着实吃了一惊：北京就像一个被放大了的灯光足球场。"（引自《城门开》）

其实北岛回来的还太早。

月光也是光啊!

注:此文初稿于 2010 年 12 月 11 日。写在几个大活动灯光大展现之后,对进一步地攀高产生的恐惧。就当下来看,控制技术与大数据直至未来的智慧领域灯光仍需紧紧跟随。说到专业工作者的态度,实际是"度"的把握,扬与抑的调度。

灯光夜宴——「萨迪的家」

在萨迪的家，家宴驻烛而坐，灯光作为一道风景在眼前铺开。时值学年奖"风景的回归"在王昀老师设计的萨迪的家中举行，风餐露宿灯光夜宴，开创了学术报告活动离开学术报告厅的先例。2016 年摄于北京建筑大学新校区。

晚宴赠灯持灯以光会友，

到场嘉宾每人赠送一盏 LED 模拟煤油灯，

灯可用吹气开启与熄灭，相互触碰灯也会亮起来。

这是象征重回自然原始的点灯方式，

重回油灯时代的提灯交往情景的设定。

自然深蓝的夜色与灯火的暖光让交流重回夜的生活风景。

"萨迪的家"源于建筑学家王昀老师大学时代国际竞赛的获奖作品，作为空间实验装置在北京建筑大学校园内小公园侧的再现。建筑地面与室外风景有数步台阶的高差形成空间上的内外差异。除此之外，没有门和窗，只有片墙在空间中穿插，光影与风在时间中与建筑互动。王昀认为乐谱是音乐的根本和灵魂，演奏家和建筑师都可以对其进行诠释。

由亚洲设计学年奖主办的巡回讲演活动"重返风景：城市与乡村变迁中的情感与记忆"北京场，联合北京建筑大学 ADA 研究中心共同举办，地点选在了北京建筑大学大兴校区内的建筑学空间实验装置"萨迪的家"中。这是一场能留在记忆中的在风景中论风景的尝试。

论坛邀请了国内外知名专家和学者，著名设计机构代表，通过设计阐释各自心中风景，全天的论坛伴随日出日落以完全开放的方式举行。阳光的角度变幻着，风在吹，气温随时间不同而高低变化，柳絮不时飘入会场，来自学院的师生和专程从外地赶来的一百多位参加者在与风景的零距离共处中聆听了这场学术盛宴。

上：在内外无别的空间里呼唤风景的回归。

下：小小的光束灯让混凝土的楼板有天的意象。

光景制造画面，建筑成展场。

裸露的混凝土染上光后舞台就诞生了。

当傍晚的阳光以平行的角度射入会场，微风渐显凉意。"萨迪的家"的灯光夜宴正式开启。晚宴赠灯，可持灯以光会友，到场嘉宾每人赠送一盏 LED 模拟煤油灯，灯可用吹气开启与熄灭，相互触碰灯也会亮起来。这是象征重回自然原始的点灯方式，重回油灯时代的提灯交往情景的设定。自然深蓝的夜色与灯火的暖光让交流重回夜的生活风景。"萨迪的家"此时就是一个客厅，开敞的，诗意的。上百支预先准备好的可移动光源分发给几位学生和在场来宾，大家饶有兴趣地按照自己的喜好给"萨迪"的客厅掌灯。于是，台阶上有了灯，墙壁上有了灯，屋顶上打出了光斑。光斑就像飘浮的絮在风景中相互嬉戏重叠碰撞，光斑点点也似音符。此时萨迪的乐曲响起，灯光试图再一次诠释音乐的感受。同时，光的存在成就了夜的风景，在"油灯"下夜宴正式开始。友好品酒，友好弄光，"萨迪"的客厅切换着场景。远处，一束聚光从林中射出，带着丛林叶枝干平投在建筑立面上，连同晃动的人影。红色的图案灯点明宴的主题，客人如置身于乡间别墅中自在随意。移动的光源立着倒着，在地板上组出图案，夜宴在光与景中结束。

灯光夜宴结束了，收起移动的光源装入箱内，现场又恢复了常态的风景，夜色回归到本来的夜色。

你家的家宴会邀请我吗？

注：此文初成于 2016 年 5 月。4 月 23 日，AAUA 学术研讨会在北京建筑大学新校区实验建筑"萨迪的家"中举行。"萨迪的家"为王昀老师设计，作为学校的实验建筑研究设施存在于公园一角。囿于经费限制，实验建筑没有费用安装门窗，室内外暴露在风光雨露中。在这样一个场地办研讨会，从日出至日落又夜宴于星光夜幕下，场地与城市共呼吸，不时柳絮飞过，光影婆娑，惬意至极。以至于那以后在室内空调环境中的高档研讨会都觉得很不适应与无奈，虽然开着空调，亮着充足的人工照明。在夜间低照度的环境中我用手电做了灯光的场景，发给师生们风控电子烛灯，见面问候，相碰灯亮，交谈甚欢。春天的草香味，晚宴的酒香，伴着交谈中深奥的学术词语进入尾声。

在古老的地坛，植入如闪电般剧烈的光，使静谧的环境感受到了现代信息的冲击。
2010 年摄于北京地坛灯光节。作品：光对话。

作为创造城市光环境的照明设计师，工作的出发点，就是以光为武器，与环境对话的开始。

「昔者楚灵王好士细腰，故灵王之臣皆以一饭为节，胁息然后带，扶墙然后起。比期年，朝有黧黑之色。」

前几年在北京东四环附近的一个建筑上作了一个类似闪电的光带。当时这座大楼位置虽然近 CBD 却也孤立，我想在夜里做个光地标，留下记忆，给司机或路人一个向导，实现光人之间的对话。由于按建筑的外立面幕墙纹理关系做成了阶梯上升状，业主悦称为财富的阶梯，一个构思对应出了几个业余收获。

最近参与了地坛的灯光艺术作品展，我又在地面上做了一条类似闪电的作品，并加入了声光互动。这次作品就取名为"光对话"。当然这次是想借地坛表达一些光之行为介入环境与城市的影响。

我尝试用受控的线条投光灯在地面上以某种形态进行布置，通电后瞬间闪电般地在地面上写下光的烙印，唤起光与地的对话，以此回味昨天今天人与自然关联行为的意义。

众所周知，地坛营建之初的目的在于实现与地对话的功能。地坛在我看来本身就是一件巨大的"对话"装置作品，目的在于夏至日祭拜土地神，对话的主宰者是帝王将相。当然当时的对话方式是古老的自我约定（祈求），是心灵感应式的，信息其实不可见。这种"对话"只是仪式性的，是精神性对话，不会有物质的相互侵入。

今天的对话方式已经难停留在祈求上了，更不止于单方面的行为。技术进步已进入太空时代，远非过去的靠祈求的方式所能满足。现在我们已经能够利用光实现甚至是太空间的对话，而且这样的对话是精准的信息传递。如光在医学、军事、通信、能源方面的应用，激光手术，精确制导，光缆卫星通信，太阳能利用等，同时今天的对话方式已经避免不了物质性的进入。

作为创造城市光环境的照明设计师，工作的出发点就是以光为武器，与环境对话的开始。夜间灯光的存在施惠于城市生活者的同时也产生了"光害"。引起了光与生活者之间、光与自然生态之间、光与能源利用之间的矛盾。

谈谈关于光与生活者之间的矛盾。按照逻辑，好照明，好生活，好亮化，好城市。问题是好照明的受益者，场合不同，也会成为受影响者。常见例子如一片幽静的居住区沐浴在灯光下难以入眠；城市边缘的天文台被迫搬到了山里，城市上空的星星看不见了；还有刺眼的眩光妨碍了夜间生活的基本需求；以及夜晚的亮度改变了生理节律引起对人身心健康的危害。

再谈关于光与自然生态之间的矛盾。长时间的照明妨碍了植物的正常新陈代谢，鸟类无法居于城市，影响了城市的生态环境，居住品质下降。还有关于光与能源利用之间的矛盾。光亮的城市消耗了宝贵的能源，与提倡低碳社会的大环境相悖。不恰当的照明量和照明时间浪费了能源。

为了解决上述问题，作为照明设计师需要与用户进行"光对话"，与城市生活者进行对话。首先是建设者、政府、开发商还有照明需求者。这里需要明确的是什么是好的照明。首先是从需求的角度，应该投资的经济性和能源使用的合理性出发。然后是对光的技术指标本身的考量，如可视性、强度、照明范围、色温色彩、控制性，还有对光的表现手法的好恶等。

谈到好恶倾向其实对好的照明有很大影响的。好恶的话语权一般掌握在投资者如开发商、政府建设单位和载体所有者手上，因此与他们的对话，是设计的开始前提。

好恶的操纵者还有照明设计师，设计师的权利在中国普遍认为比较弱，实际上提案出于其手，自然有其好恶的影响，而且由于其专业性，或专家立场也左右了好照明的不少部分。

在光照下树木的意义发生了改变。2012
年摄于北京地坛灯光节，作品：光蒲团。

好恶的评价者＋光环境的受用者，包含的范围比较广，一般认为是普通的老百姓、政府主管、业内专家等。孰好孰恶，老百姓可以随便信口，但话语难能左右大局。

专家可以利用专业主张、媒体、学术圈影响决策者从而推销自己。决策者属于民间，老板话语权最大。属于市政工程的一环，政府主管领导话语权最大。政府中有层级高下，当然是官大的说了算。于是一个城市的市长级人物，他的好恶就相当的关键。

所谓"昔者楚灵王好士细腰，故灵王之臣皆以一饭为节，胁息然后带，扶墙然后起。比期年，朝有黧黑之色"。（引自《墨子·兼爱中》）为了细腰饿得站起来都要扶墙，显然是饿晕了，目的就为达到"楚腰纤细掌中轻"的效果。可唐代以肥为美，估计胖的也得扶墙才能站起来，这些都是好恶的结果。

我曾经在一个南方的地级市作过夜景照明总体规划，主管的市长还专门撰文谈自己的观点，认为照明是为夜间生活服务的，应该舒适，并且照明要有文化性，要儒雅，明暗相依，几句话说得我心花怒放，花了大心思制图作画。

另一个地级市的规划轮到我的手上，这回领导说了，亮化亮化就是要亮，就是要流光溢彩，说得我连夜往图上加了不情愿的数码管无数。

至于光与自然，光与能源的问题，当然也有观念问题，当然亦需要对话，在此不赘言。

我们的愿望是照明让夜生活更美好，前提是要有好的照明。其实这个问题解决起来比较难，因为好恶卷入审美的范畴。火箭送卫星嫦娥 2 号奔月，估计不受好恶左右多少。

一个好照明的"好"字难煞人也。但是追求好是必须的。说到此想起 2010 年上海世博会的主题是"城市让生活更美好"，我觉得少了一个字，应该是"好城市让生活更美好"。 上海人的英文还是不错， "Better City ， Better Life"。

看着案头的照明项目，我想对话还得持续下去。作为照明设计师，设计工作起于对话。与环境的对话，得到对景观载体的理解；与业主（有时是政府代表）对话，能理解并探讨投资建设的意义与好恶；与建筑及景观设计师对话，能理解载体的构想与初衷；与施工代表对话，能落实设计的可行性；与灯具厂商对话，交流控光与应用的可能性以及防止假冒的对策。

光环境，美学，意识形态，形而上，什么是好的光对话方式，什么是最佳答案，探索进行中…

再添点柴，看看他们怎么说？

注：此文初成于 2010 年 10 月 11 日。从 2010 年开始，留学归来的丁平女士与几位设计师策划了地坛灯光节，前后持续 4 年。在北京文创方面开了先河。笔者参与了作品的创作展览，于是有了系列借题发挥的尝试。地坛的光对话置入模拟雷声，让在古老的庙院里散步的行人体验了猛然间的惊诧。

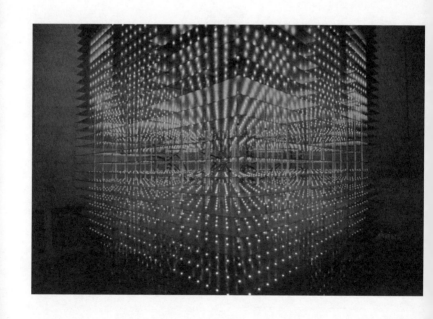

光塔的细节构成。

光塔的层板是黑色的，光源点亮之后板就变红了，像火燃烧的状态，热情，奔放，令人回想起过年的「旺火」，那种熔融燃烧的感觉，那种满怀理想的状态，大家激情四射地奔着火热的理想而去。

2012年，我的灯光装置作品参加了第13届威尼斯建筑双年展。作品名叫"光塔"（Lightopia），是一个完全用LED来实现的灯光装置。构思这个作品之前我参观了很多工厂，了解LED的生产过程，从组装车间、灯具车间到光源封装车间……LED的生产阵容非常庞大，感觉很震撼。这么庞大的生产体系都在准备着供给市场产品，如果使用者的需求达不到一定的程度，或者使用者没有充分认知，那么这个产业就会遭遇一个尴尬的境地，作品的构思就是从此开始的。

双年展的中国馆设在一个旧军械库里，中国展馆以"原初"概念作为主题，由"光塔"和另外4件作品共同组成，策展人认为这是一次国内极简主义风格作品的集中亮相。"光塔"就摆放在中国馆的入口处，由30000多个红色光源点的LED线路板组装而成，把嵌入LED光源的线路板叠加在一起，呈现为塔的状态，在这个作品中我想反映的就是市场上对待LED的心态。为什么没有使用完整的灯具表现？因为我理解的"原初"就是最初始的状态，工厂内的状态，就像发电之前的火。

光塔的层板是黑色的，光源点亮之后板就变红了，像火燃烧的状态，热情、奔放，令人回想起过年的"旺火"，那种熔融燃

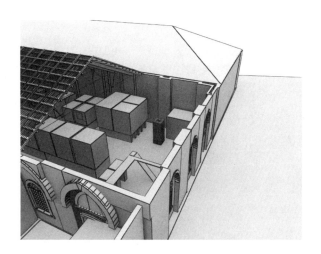

光塔在威尼斯展场中的位置。

烧的感觉，那种满怀理想的状态，大家激情四射地奔着火热的理想而去。也许那个时代已经退去，有些时候激情却退不了，就像 LED 的发展，不管现在大家觉得它是好是坏，都没法放弃，作品的寓意也在此。在展览现场，很多人都在"光塔"前驻足欣赏，非常关心这个作品是怎么做出来的。

第 13 届威尼斯建筑双年展的主题是 "共同基础"，中国驻意大利大使亲临并题词，题词很有意义，"没有共同基础的基础，就是我们的共同基础。"一语道出存在的矛盾性与复杂性。作为照明的共同基础就是光源，我们希望光源可以得到很好地开发和应用，能够为未来指明一个方向。我们充满理想地看待一种事物，但并不一定就要完全以一种思维模式去统率它，在一种主流思潮下，同时也要关注其余同类事物的存在，这样的世界才更丰富，也更理想。

我是一个照明设计师，我首先想到的是用光来阐释原初的意义。照明设计用的设备基础是光源，贴近"共同基础"与"原初"的概念。现在社会上广泛应用 LED，全世界都在推广，包括各个照明展览，如果我们去看的话，基本全是 LED 在做展览。LED 是一种新光源，与我们的未来密切关联。

为了找到与 LED 相关联的感受，专门考察了切割 LED 芯片的工厂和生产 LED 模组及线路板的工厂，结果颇受启发。庞大的工厂，先进设备驱使下众多操作人员作业的场景，堆放的基本材料，通电检验光源寿命的老化试验长龙，震撼无比。这些产品要装入灯具，作为照明设备进入建筑项目，服务工作和生活的人们。大规模的基本光源生产厂在全国为数相当多，人工照明的 LED 光源共同基础建立起来了，不管前途如何，大有独霸光源的趋势。我想表达的就是这样的感觉。

我们在工厂参观的时候，看到了模组板发光试验的场景。同时有一个颇有意义的发现，在一张很黑的基板上点亮 LED 点的时候，发现整个板是通红的，原来的黑色会消失。因此这座光塔完成以后，实际上是一座黑色的塔，点亮了以后则是通红通红的，像悬浮的火在燃烧，非常空灵，因此也非常吸引人。再加上中国馆展示地点原先是一个油库，与能量的含义非常匹配，而且这个作品又放在中国馆的入口处，因此成为中国馆的一个标志。由于视觉冲击力比较强，最后中国馆的海报也是用这个作品来制作的。

虽然为灯光装置，做出来小样以后，却发现很像密斯·凡德罗的钢铁玻璃大厦模型，无意中碰到了现代建筑的"原初"。

这次展览主题为"共同的基础"，中国馆主题是"原初"。我认为策展人意在寻找隐藏于建筑背后最本质的东西。记得柯布西耶提出过现代建筑的五项原则，维特鲁维的《建筑十书》都有这方面的描述。还有一种基础可解释为理想，就像工艺美术运动，还有托马斯·莫尔的"乌托邦"及埃比尼泽·霍华德的"花园城市"的生活环境设想。今天建筑的共同基础是什么，当建筑在前所未有的速度规模下发展，很多人是不清楚或各执己见的。共同基础本应是我们奔向目标的出发点，最可怕的是当我们走了很长的路，发现我们的出发点错了或大部分不对，因此反复敲问"共同基础"是何等的重要。

具有技术性的照明产业实际上带有很多流行和走势的影响，人们大多爱按着走势来判断行为。也许这样成本最低，也许这样回报最高，逆流而动是要付出最大代价的举动。当我们不能很好确认我们的流行的正确性时，认真地审视是很重要的。当然我们不能丢掉理想，我的光塔的表现是充满理想精神的，红的像火，同时是梦幻的，有点缥缈感和不确定性。这正与中国照明行业的现状相似。

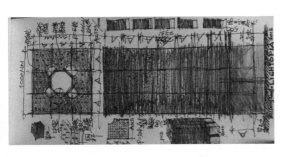

上左：光塔构造草图。
上右：光塔像素的立体组合原理。
下左：写入程序的光塔单元板。
下中：光塔的组件制作。
下右：光塔在组装中。

光塔在上海新天地的回顾展。2013 年摄。

威尼斯双年展上的光塔。2012 年摄于威尼斯双年展中国馆。

在中国的北方过年要在院子里用炭块堆成塔状物点燃，俗称旺火，劳作的人们用旺火来祈福与祝愿来年的兴旺与丰收。炭块燃烧旺盛时，通红通红的火苗升起，火光使人们心情振奋满怀希望的遐想。旺火要持续燃烧数日，但需要不时填入新炭块来维持火的旺盛。中国的建筑迎来了旺火期冀的时期，火光遍地燃烧，一片繁荣景象。我尝试用作为新时代光源基础的 LED 素子和线路板来表达这种状态，30000 多个小红光点和黑色的 PC 板是对民间旺火塔的新诠释。构筑的元素只有板与金属立柱及连接件，形式是很建筑的，像密斯的钢铁玻璃大厦模型。由于在 PC 板中写入了程序控制电路，光可以有强弱变化，像火苗一样。LED 发光芯片也是全世界未来照明的希望，未来人工光的共同基础。我们也要祈福它的兴旺，就像当年迎接现代建筑一样，同时光塔的形状也像工厂里生产过程中 PC 板的堆放形式。

当现代建筑的共同理念受到批判，当 LED 人工照明未来不能满足人类全方位的灯光需求时，共同基础也许会发生动摇。于是我联想到了理想国与乌托邦原初由衷，希望未来如愿美好。故作品寄予旺火的理想，取名为"光塔"，用英文造词为"lightopia"。

有光指路，你就放心飞吧！

注：此文初稿于 2012 年 12 月。作为威尼斯双年展的参展设计师首次做作品，也是挑战，因为参加者多为著名建筑师，功力深厚。我只能用光的元素建构理想的未来之塔，起名光塔。自己组织编程序，委托制作印刷电路板，贴光源芯片，组成塔状构筑，完成了建筑化的灯光作品。今天 LED 照明如火如荼，验证了当初的乌托邦猜想。

在 798 的展出，山形与展出空间格调取得了一致。

在 2013 年"建筑 1000"展览中，作品"万里江山"的数字山水场景。

时值秋冬，柳叶不时落下飘到院子里，

放置作品的镜毯映射着周边的廊桥建筑及行人。

一位画家模样的先生走进作品想看看是什么，

脚踩到镜面上，咔嚓，镜面碎裂作响。

宋元山水写意自然，画家们都遍访名山大川。仔细欣赏那些画，会发现实际上画得很概念，很抽象，很模式，画家的主要目的是让观者欣赏画所表达的理想，及画中信息。日本枯山水庭院用沙子代水，并不是日本缺水，估计另有企图。我认为沙子铺地上就是画布，和尚就是画家或涂鸦的人，他们在侘寂的禅院中描绘心中的理想，也是表达意向性的信息。光信息时代的 LED 发光单元，如果应用到表现山、表现建筑、表现艺术作品会是什么样呢？我在多年前也在思考预测，并完成了几个作品如"光塔"（建筑与光像素），"万里江山"（山水与光像素），"火星刺蛾"（艺术装置与光像素），还有"中国大院"（信息单元构建与建筑）等。光塔在书中有介绍，此文只就"万里江山"（LED 装置）、"火星刺蛾""中国大院"（建筑模型）三个作品做说明。

一、万里江山（LED 装置）

装置制作于 2013 年，在上海喜马拉雅美术馆 6 月开幕展"明日山水城"上展出，随后在西班牙塞戈维亚，北京 798 巡回展出。该作品与著名艺术家策展人方振宁先生合作完成。

山和水，在中国文化中是自然的两极，孔子在《论语》中说："知者乐水，仁者乐山。"总之，山水已经是一个固定的文化概念被定格在历代文人心中。构思从汉字的造字开始，通过山字的演化，延伸为用LED现代照明材料创作的LED"万里江山"装置。

作品从正方形出发，用对角线切割出两种尺度的直角等腰三角形（底边分别为300毫米和600毫米）的铝基板（2毫米厚），然后用金属杆拉接构成长达10米的绵延的三角阵，象征着万里江山的景观。板上等间距封装0.01瓦LED发光像素点达12万颗，和印刷电路一起，由控制系统统一驱动。创造出现代LED点与山水画之间超时空的对话，作品尺寸：9600毫米 ×1200毫米 ×500毫米；材料：LED铝基板、金属杆、镜面材料、驱动器、控制器。这是将艺术与科技（LED高科技光源）相结合的一次备受注目的尝试，也预测了未来山水表达的走向。

二、火星刺蛾

"常德老西门"是一个旧城更新项目，是有识者对城市街区更新方式勇敢的定义。项目一期完成开业后，出于烘托商业氛围的目的，我提议在门洞做个装置，于是就有了这个庞大的毛毛

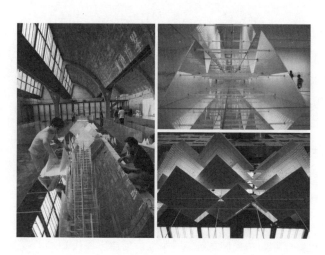

左：展前组装，系
统调试。
右上：组装结构图。
右下：山形的错落
组合。

左：与策展人、装
置的合作者方振宁
先生一起给范迪安
先生做装置的构想
说明。
右：原研哉先生在
看装置展览。

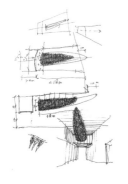
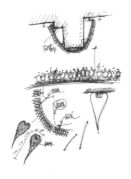

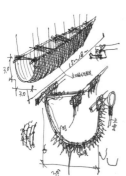
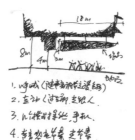

上左：刺蛾构思草图。

上中：刺蛾构思过程草图。

上右：刺的单元做法。

下左：刺蛾的构造组装方式。

下中：装置吊装位置关系图。

下右：刺蛾的细部结构。

刺蛾变脸。火星刺蛾的系统内容激活也在不断发掘的过程中完善。就像在唤醒从火星的来客一样，假如外星有生命，人类也要尝试与他们对话了。

虫刺蛾。长18米，宽3米，高3米，吊在门洞里。金属骨架，垂锁链成自然型，用金属丝交叉编织定型，外表皮安装金属灯网罩，内藏光源，接入控制系统，吊装上去，一个装置就完成了。当初试想用竹编那个巨型毛刺，找到了几个民间手艺人试做了一下，一天只能做三到五个，手艺人没那么多，一万多个竹毛刺得编到何时，只好改金属网机械压制焊接，如此也做了三个星期。我希望火星来的刺蛾能与人对话，接入人体捕捉系统和声控系统。互动声音越强烈刺蛾的表情越丰富，从蛹化蝶，巨型的憨态的金属毛毛虫拟人化了。调试期间由北京控制室发出指令，现场检验，俨然是高科技的做派，来访者狐疑地看着这个新鲜事物，看着操控的工程师们。

三、中国大院

2018年11月国际媒体建筑协会年会（MAB18）于中央美术学院召开。建筑学院教授轮值主席常志刚博士邀请我做演讲嘉宾，我觉得有必要做一个表达我对媒体建筑理解的装置作品与国内外的学者们交流，于是有了装置"中国大院"这个作品构思。此次匆匆亮相，在中央美术学院这样一个艺术家聚集的地方、在没曙光下沉庭院中孤独地陈列了几天，时值秋冬，柳叶不时

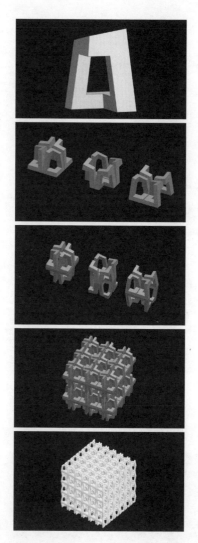

对于媒体建筑非均衡性的造
型尝试改造提案。从不平衡
走向平衡，从不对称走向对
称，从单体走向群体，达到
结构的稳定，文化的认同。

上左：中国大院的陈列场景。抽象的媒体单元构成巨构。

上右：中国大院在央美美术馆展示的场景。2018年在中央美院国际媒体建筑大会期间展出的作品场景。

下左：由单元体围起的院子的内院景象。

下右：中国大院细节。

落下飘到院子里，放置作品的镜毯映射着周边的廊桥建筑及行人。一位画家模样的先生走进作品想看看是什么，脚踩到镜面上，咔嚓，镜面碎裂作响。

作品源于对 CCTV 总部大楼造型的思考。每次我路过这一带老觉得建筑有什么不理想，后来我明白应该是造型的不均衡与我们惯常的习惯与文化不符。我想，如果这个建筑只是建筑的一部分单元，空灵的开口与立体的编织会不会更好？我就把此单元做原型构件，用 800 个构件重叠 8 层砌了一堵围合的墙，梦想建造一处超级媒体的中国大院。CCTV 总部大楼面积 50 万平方米，高度 234 米。足尺建造的话，800 个构筑物叠加八层总高度是 1872 米，总面积是 4 亿平方米，足以超越传说中的巴比伦塔，不过我的模型只有 600 毫米高左右。

2019 年中国大院在深圳坪山
美术馆展出时的场景。

我也要玩玩 LED

城市中嵌入画面。

湾岸足够长，湾岸足够美，湾岸足够当画布。

理想的城市就是你躺在沙滩上，背后是高楼毗邻。2018 年 6 月 9 日晚上，上合会议招待国际友人演出"有朋自远方来"文艺节目，网红一片。张艺谋导演说这是第一次把城市楼宇做背景的演出："以天为幕，以海为台，以城为景。"

城市是美丽的，有湾的城市更美丽，青岛就是这样的城市。当我们参与到青岛城市照明总体规划设计之始，就已经意识到我们即将获得创造大美夜景观的难得机会。青岛众多的湾就是一幅长轴的画卷，浮山湾在拥抱你，老青岛就在栈道边，崂山之下，石老人在等待。创意之初，脑海中自然浮现的就是"千里江山图卷，清明上河图，万里长城……"，湾岸足够长，湾岸足够美，湾岸足够当画布。青岛人要用好客之情打造"好客之光"，这是一次超尺度的城市灯光布局。

青岛是中国沿海重要的港湾中心城市。碧海蓝天，红瓦绿树，既有老青岛开港建设的异域风情，又有现代化的商业中心区，所谓前海一线就是青岛漫长的迷人的风景线，海岸的慢行步道贯通了各个海湾。

老城区是老青岛的记忆，众多历史建筑使得青岛独具风情，夜景设计上依托历史建筑，突出青岛老建筑在全国范围内的唯一性，弱化现代建筑高层的光，让老城区重回昔日的风貌，利用路灯、壁灯、筒灯作为街道的连接，让整个街区形成完整的联系。地标建筑加强亮度及利用色温变化，突出其主体性，青岛湾的栈桥与小青岛上的灯塔是青岛的象征，因为体量较小要适当提高亮度，同时降低周边环境亮度，并运用小青岛其良好的载体，用演绎灯光打造海市蜃楼般的青岛故事，在夜间创造新的亮点。

"有朋自远方来，不亦乐乎"，好客是山东民风，迎客要庄重大度，浮山湾是拥抱的湾，用夜景拥抱八方来客。浮山湾中央商务区是城市经济科技文化的密集区，楼体品质上乘，沿海天际线丰富，夜景重点在于突出高层建筑的挺拔感和聚集性。依托于多栋高层建筑，形成连续的夜景长卷，并结合其他高层建筑形成完整清晰的天际线，利用建筑结构条件和可能性，用最新科技手段整合提升打造浮山湾的壮丽风景。平日节能模式下，用光体现城市天际轮廓线；节日模式时，点亮建筑立面及结构特征，突出城市核心；重大活动模式下，将建筑媒体立面作为大青岛的信息窗口和文化艺术的展示平台，并选择周末节假日演绎灯光秀；在奥帆广场情人坝上及海上游览船等观景点供游客及市民观赏。浮山湾岸线相比其他城市具有明显的长度优势，

上：青岛照明总体规划的重点区域。从机场，城市入口进入市中心区，城市照明密度渐次加强，至浮山湾达到高潮。远方来的客人，享受光之盛宴的招待。

左："有朋自远方来"2018年青岛上合峰会时的演出场景。以天为幕，以海为台，以城为景。

上：青岛的特色建筑片区是
老青岛的象征，照明应该是
适度的本色体现。
左：从奥帆基地回望浮山湾。

海上视角可观赏完整的浮山湾整体夜景效果，事实证明，点亮的浮山湾已成为夜景的名湾，网红的湾。

夜晚，华灯初上，老青岛优雅多姿，浮山湾欢声笑语，人们享受着灯光下夜景的视觉盛宴。游人从不同方向汇集到浮山湾，漫步，拍照，谈心，说爱，脸上露出过节般的喜悦。情人坝上，游艇岸旁，旗帜与海风共舞，脚步与灯光相随，海里是波光，岸上是城市之光，雾来了，海市蜃楼，梦幻青岛，梦幻未来，灯光在城市中升华。当地人说，以后来青岛，不仅要喝啤酒吃蛤蜊还要看夜景。

让火柴先飞一会儿

注;2018年6月8日上合峰会在青岛召开，青岛的城市照明景观提升以此为契机得到发扬。作为青岛城市夜景的总规划设计师，自己也经历了一次城市灯光的洗礼。在超短时间、超大规模、超高要求的逼迫下完成了超常规的夜景再造。前几日遇到参与项目的城市管理者言：青岛的游人规模超出往年30%的人流量，旅游收入也增长了。我想城市灯光夜景的价值评价也有经济要素了，也许会更接地气。

目中之城，
心中之光

厦门集美中学：具有代表意义的嘉庚风格建筑，也是城市建筑文化的符号。

光距人越近越暖，离人越远越冷，大家看天空是蓝色的，冷的，太空更冷，这样符合自然规律。

目中有城心中才会有光。对厦门城市的爱是布光规划夜景的驱动力。打开易中天先生著的《读城记》，三句话映入眼帘：厦门是岛；厦门的岛很美很美；厦门岛的美丽举世闻名。看看诗人郭小川先生一首《厦门风姿》的吟咏：

外边是茫茫的东海哟，里面是绿悠悠的人工湖；

两旁是银闪闪的堤墙哟，中间是金晃晃的大路。

大湖外，海水中，忽有一簇五光十色的倒影；

那是什么所在呀，莫非是海底的龙宫？

沿大路，过长堤，走向一座千红万绿的花城；

那是什么所在呀，莫非是山林的仙境？

……

但见那——满树繁花，一街灯火，四海长风；

但见那——百样仙姿，千般奇景，万种柔情。

……

看，凤凰木花如朝霞一片，木棉花如宫灯万盏；

……

听，日光岩下有笑声朗朗，五老峰中有细语绵绵。

……

我因此才能用你的光彩，把你的风姿收进我的画册。

读厦门让我能感受到：

美丽。花园，百样仙姿，千般奇景，万种柔情。

温和。平易近人，方便、适度、豪爽、随性。

温馨。精神文明，家园之感，家国情怀。自在，自如，自然。

厦门，陆地与海洋交融，景观魅力聚集到海跟岸的交界线上。海水与岛内成湖又有了五缘湾、筼筜湖两个海水湖。离岛的发展形成区域间对望的海岸线。本岛与周边连接的跨海大桥又是珍珠又是纽带。

这就是我们目中的厦门。对于夜色，如何期许，我们赶上了一次夜景建设契机。2016 年 10 月，厦门市为了整体提升厦门市的夜景水平，组织了全国从事该方面突出的设计机构进行方案征集，在经过现场调研，生活体验，人文理解的基础上，我们研究了夜间需求，夜景营造，城市解读，规划设计，提交了竞赛方案，最后得以获得深化设计的机会。与此同时，2017 年中国接任金砖国家轮值主席国，并于 9 月份确定在福建省厦门市举办金砖国家领导人第九次会晤，于是厦门的夜景建设又有了国际化视野及意义。

对于厦门特定环境的夜景设计，我觉得有五点值得探讨与践行。

一、立足生活之光

城市照明来自于夜间生活的需要，立足于生活的光是基本要求。由此可以区别哪些是出于功能需求，哪些是纯景观视觉需要，据此平衡用光的度。大家观察一下，生活光的特点，就是光与人的距离比较近，为人服务。我们看很多国外的城市夜间光环境都非常舒服，那里的光一定在人的周边汇聚。

二、漫步街道之光

街道之于城市就像血脉之于人体。街道之光定义城市的舒适感和品位，同时给人安全感。寻找厦门的光，休闲的光，这是一次非常好的尝试。光距人越近越暖，离人越远越冷，大家看天空是蓝色的，冷的，太空更冷，这样符合自然规律。

三、品味建筑之光

我觉得在建筑上用光要从源头理解建筑，理解建筑师，回避抹

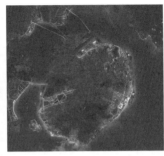 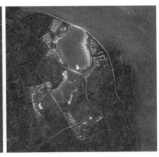

上左：厦门重点片区照明规划总图。

上右：五缘湾与五缘桥的灯光概念表达五缘湾有五座桥。桥通常会有连接的纽带意义，因此桥会作为友谊的象征。用五座桥的灯光色彩象征金砖主宾五国的友谊，是恰当的灯光文化意义表达。

下：蓝色的桥是献给俄罗斯的礼物，由于其造型的特色，厦门人亲切地称它为"双眼皮桥"，此桥的夜景亮相后引来了不少摄影迷。

杀建筑之光。不是使建筑灯光更漂亮，应该是通过灯光如何使建筑更有魅力。厦门闽南风格的建筑特点，燕尾脊，还有嘉庚风格的建筑，上面是中国古建筑风格的顶，立面是南洋中西合璧风格，这些细节是需要光的地方。

四、点亮迎宾之光

遇到契机，就是金砖五国会议选址厦门。金砖代表了五国的经济发展和繁荣，如何点亮迎宾之光有各种形式，节日的时候我们在所有建筑上假如点亮一种颜色，就非常漂亮与震撼和具有节日感。而用金色来表达这次会议的重要时刻是设计的要点，最重要的核心部分就是主会场——会展片区的会展会议中心。整体点亮的时候，从飞机上、海面上、街道上都能够看得到，金色的、温暖的。我们希望通过这些手段把建筑表达出仪式感、礼仪化，使人感受祥和、尊重。

还有一个迎宾场景，也是我们设计的一个梦想目标。金砖五个国家有五种颜色，分别代表南非、印度、巴西、俄罗斯和中国。厦门岛上有一个叫五缘湾的地方，五缘在中国是代表非常好的寓意，五缘引来五个国家的贵宾。我们发现五缘湾上架了五座桥，

右：尝试用光色定义城市，定义国际会议的意义。金色在中国是尊贵的色彩，金色代表经济，金色也是热情的表达。

下：筼筜湖变色的散步道，专门设置了关注行人出行的光，并称之为"脚下的光"。

左上：鹭江道是厦门的外滩，近代建筑的厚重感和现代建筑的飘逸有机融合在一起，突出厦门特色。

左下：鹭江宾馆的细节在近人尺度上做了细腻的表达。

右上：通体的红色渲染既为了展现中国红色，也是对桥梁结构及力学的忠实表达。

右下：会展中心的挑檐下隐藏了灯具及管线配电控制系统，最大限度地尊重现有建筑的结构逻辑。

因此我们把五缘湾变成了象征五个国家友谊的有缘湾。每个国家献上一座桥，南非的我们把它染成金黄色，印度的染成橙色，巴西的染成绿色，俄罗斯染成蓝色，中国染成红色。开会期间，我希望各国的元首或夫人来这里照一张相，带回去。用光做一座桥。这样的礼物，如果说明来意，它会体现厦门和中国的热情，体会我们的用心。

我想这是我们对景观在特殊事件中的理解。这五座桥在白天看没有什么特别的意义，不专门说明也没有什么意义，简单点亮的时候只是结构的美，但是赋予颜色的时候它就象征一个国家。

五、回归厦门之光

每个城市的灯光都是一个定制品。厦门的城市要有厦门的光。我们分析厦门的景观，厦门什么最有价值？什么是可以拿来给游人客人展示的？在鹭江道和中山路商业街，有相当于上海外滩的近代建筑，混杂在陆续建成的现代建筑群中，也有骑楼建筑。这样的片区应该能代表厦门的形象。古典建筑应该是暖的感觉，高层现代建筑应该是清凉现代感觉。用光取得和谐的鹭江道车水马龙，人潮如织。

认知厦门离不开鼓浪屿。为什么鼓浪屿会成为世界遗产，它的价值是什么？我们如何用光把它的价值表现出来？站在日光岩上体会回望厦门的感觉，这应该是厦门的一张夜景名片。鼓浪屿上有很多小路，把小路打亮，把围墙打亮，在建筑的对角投光，对街道做好光的指引，形成这样的通路非常的舒服。回归朴素，灯光作为世界文物有价值的存在。在鼓浪屿发现很多地下通道很无聊。我们给它一些光，外面看来没有色彩，走到这样的人行通道里非常有趣味，如何在被忽视的地方发现光的魅力是我们照明设计者的责任。

厦门正在修建一条贯穿全岛的自行车道。厦门正在完善慢行系统。海岸漫步道，湖边漫步道，细微的光助力慢的优雅。亮度是绝对值还是相对值，我想明暗是对比出来的。在厦门总体景观照明中把装饰照明的亮度有意识地按国家标准降低一半以适应慢行城市厦门的特质。色温也是可调节的。在厦门，目前的技术实现了色温可调，好处是在总体协调的前提下根据材质和喜好可做微调。至于色彩，做了最大程度的限定。经过近一年的方案设计和现场监理工作，厦门市的夜景终于亮相于市民及游人面前。我们欣喜地看到厦门由于夜景的展现得到关注度的提升、市民夜晚出行时的喜悦、游人的驻足。

我就喜欢你

注：厦门城市照明提升的成果是第一次主城区统一规划设计、统一实施、统一管理的典范。2017 年 9 月 3-5 日金砖会议在厦门召开，照明在夜景观提升、定义城市夜景格调形成、国际会议的光色定义这几方面做到了恰当的表达。比如城市灯光色彩的控制，用色温变化实现城市级场景的控制，金砖会议期间金色光的调制等，同时，尽最大可能满足夜间休闲的功能光需求。参观厦门夜景的游人多起来了，兄弟城市来学习的多了。我想一个城市一种光，每个城市的市民心中都有自己城市的夜景。

街道的
布光逻辑

街道的三个面是光的通廊，设计的界面。

那些感觉舒适，感觉温馨的街道，光就在你身边。无论是在芝加哥河边散步，还是里斯本的近海商业街，抑或是东京的表参道。

出游，到傍晚，拿起相机拍下街景。那些感觉舒适，感觉温馨的街道，光就在你身边。无论是在芝加哥河边散步，还是里斯本的近海商业街，抑或是东京的表参道。好的街道构成是符合人们对街道需求习惯的，包括光。与家相比，街道有很多不确定的意外惊喜，上街能寻得别样味道，不是目的明确的超市购物，这是人们愿意逛街的理由，但它又是家在空间上的延伸。

街道有三个面，地面及两边墙面。围合成光谷在城市中。人工光如生于地面的火，向上燃烧。车水马龙，人流穿梭。从感受上来说，地面的光密度尽可能连续为佳，安全、畅通、舒适。

街道有各种外摆，家具就是其中一种外摆。行人坐下来，就像在扩大的家里。光照在休息处，表明这里是对到访者的欢迎，可以放心使用，同时可确认其清洁程度。地铁口在街上，出入口的照明是专门设计的，明朗自然惬意。

从步行道跨过自行车慢行道，就是公交站台。公交系统不是机械的指示设施，更像是专门设计的休息处，细节用光如酒店般。公共系统有了细心设计的光的关照，不再是街面上的赘物，而是必然的一体化存在。走在街道上，利用公共设施，坦然又体面。

当我们接到宁波中山路街道照明规划的邀请时，曾经的体验与理想汇聚成目标，并总结为六个方面的城市街道之光。

一、步行者的坦然——地面功能光

为人服务的光首先是功能光，为步行者、骑行者、驾驶者。为此在路灯与建筑之间专门增加了照亮慢行系统的列柱灯，兼顾步行与骑行的需求。在过去，这些风光更多的是被装饰光灯柱占领，牺牲了舒适度。

二、客厅般的街道——街道家具光

街面上有地铁出入口、公交站台、设备塔、景观绿植、信息亭及其他城市设施和家具，还有小广场等。这些城市设施及空间进入街道这样的城市客厅，就要像客厅般布置并细化尺度设计灯光，表达细节突出人文关怀，这部分灯光的设计是结合具体构筑物细节展开的。

左上：街道的丰富性。

左下：媒体屏与橱窗结合后改变了广告的方式。

右：街道家具是逛街者的福利，休闲的象征。

上：地铁出入口也是街道景观。

下：体面的公交车站是街道品质的代言者。

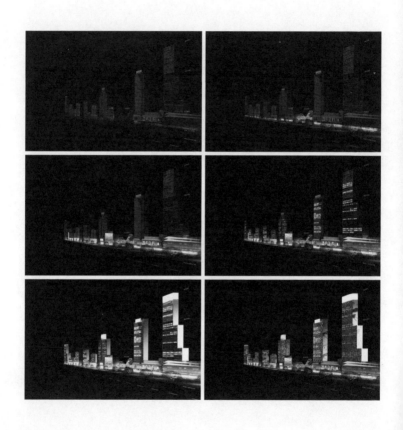

街道的六种光。

三、店面里的诱惑——底层展示光

商店街的面街一层是商业出入口和橱窗等。一层挑廊或雨棚增加筒灯的下照，一层店面的界面会更明亮，产生与室内的呼应，引导行人的目光。

四、裙楼面的装点——商家品位光

商业街上综合商业体3～5层不等。这些体块是商家的面子，也是街道面子的组成部分。精细化装饰，表达商业气质与目的，是展现商家品位的重要部分。广告与标牌也大多在这些商业体上，活用商业广告标识成为夜景的重要部分，是设计上需要推敲的。

五、主楼体的内容——空间生活光

商业综合体的上面就是高层办公楼、公寓或酒店。立面窗户里透出的光左右着楼体的性格，也是使用状态真实的流露。对街道而言，楼体起到背景般的围合作用。从视觉上说，街道上的行人并不关注楼体，因为仰视和远视才有价值，多余的装饰光应该克制。

六、高楼顶的突出——天际标识光

如果高楼突出于城市中，影响着城市的天际线，成为地标，顶就重要了，要表现。就像纽约帝国大厦在街区就成了一个信息发布塔，在不同的节日里点亮不同的灯光。比如2016年2月中国的除夕日就专门点亮金色与红色庆祝中国农历年。如果对城市天际轮廓线有影响，亮起来是起码的。

一条街道规划六种光，从下到上，由均匀到零散点缀、由暖至冷。在地面与人对话与人友善，在天际与天对话，天光一色。这样的设计逻辑是符合人的行为习惯的，这样的设计是符合人对光的需求的，这就是宁波中山路的街道的布光逻辑，其思考，具有更广泛的意义，那就是：光，更接近人；光，更关注人。

为你打个光吧！

理性逻辑，
浪漫情怀

以建筑为中心的布光原则。周围亮度减低，并星状散落。
2015 年摄于哈尔滨大剧院。

找到载体与空间的逻辑关系后用简约的光表达也是对节约投资和节能的贡献，在此意义上照明设计就是环境设计，我们期待在不同季节里灯光和环境的紧密融合。

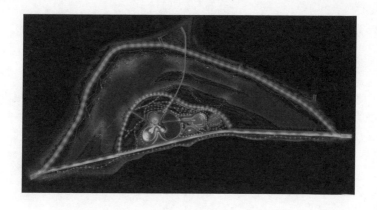

对大剧院及周边的光环境整体规划保证了建筑的主体性。

一、基地与建筑

太阳岛的知名度不亚于充满异国风情的城市哈尔滨本身，它也是哈尔滨的重要组成部分，是城市中的自然生态景观。太阳岛早期就曾被外侨当作野餐、野游、野浴的"三野"休闲浪漫之地。1979 年歌唱家郑绪岚曾以一曲"太阳岛上"红遍了全国，估计当时的听众也是被歌词中迷人的太阳岛风光水色所感染。如今太阳岛已是国家 4A 级旅游风景区，在城市中，这样的自然风貌确实是弥足珍贵。

哈尔滨大剧院就是建在这样的风景区北侧，松北区前进堤、外贸堤和改线堤围合处的湿地公园内。基于基地的特殊性，大剧院的建筑属性就注定了超越功能性要求之上的景观性需求。

基地范围大约为 1.31 平方千米。其中大剧院及文化中心占地面积 16617 平方米，总建筑面积 79000 平方米。大剧院由包含 1600 座的大剧场及 400 座的小剧场和附属设施组成。主体建筑高度为 56.4 米，上设有屋顶观景平台，可俯瞰湿地景观，远眺城市。建筑整体以舒展的姿态自如延伸，它虽然不是城市尺度上突出的景观点，然而奇特的造型仍然会使人们在远处注意到它。

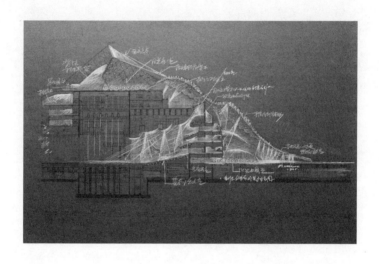

在建筑剖面上表达照明方式。可以清楚地看到光是从
哪里照到哪里以及照射面积。

基地内大部分是自然的沼泽景观，经过景观设计师的设计仍然维持了其自然的属性。基地内的步行观赏栈道相连，采用了重自然轻人工的手法。

建筑师的最初设计概念来自雪堆，造型像积雪在凛冽寒风下的塑形，并在风力吹刮下生出波纹和裂带。建筑设计工具采用当下流行的"犀牛"计算机制图软件，这个工具使曲面和流线的设计可以随心所欲，同时使异型建造在同样软件下成为可能。外墙表皮用5毫米厚铝板制作加工，内墙用GRC（玻璃纤维混凝土）板进行曲面塑形。建造技术迥异于以往的传统。我们很难找到代表性的平面、立面和剖面。可以说设计手段是科技的、先进的，造型与空间表现是浪漫的、随性的，当然这种设计方法在每个环节都是对专业性的挑战。

二、布光的逻辑

基于观景点上的景观，自然中的自然形，环境中的建筑空间环境的整体理解，制定了夜间灯光环境的设计策略。在保证使用功能光的前提下，实现用光塑形，用色温辨空间冷暖，用光带引导视线流动的光影诗意化表达方式。归纳起来，我们采用了

上：哈尔滨大剧院的照明设计得到了国际同行的认可，获得了IES照明卓越奖。

下：在专业盛会露脸也是对未来工作的鼓励。2016年摄于美国奥克兰IES颁奖晚会现场。

造型的光、流动的光、浮起的光、溢出的光四种用光的概念来说明建筑布光的逻辑。同时在景观布光和室内照明的设计上制定了用光的基本原则。

1. 造型的光

较大范围的沼泽地缓冲了远处城市对大剧院建筑的亮度影响。除去路灯光外，基地的照度不过 1 ~ 2 勒克斯，建筑的外观材质为浅灰色铝板，反射率在 0.6 左右，通过实验，20 勒克斯以下的投射照度足以将其造型显现出来。设计平均照度定在 10 勒克斯左右，投光面部分的亮度在 5 坎德拉／平方米左右。未投光部分除了环境光的影响外，没有亮度，但暗处的建筑面与边缘也承担了体型与轮廓的塑造。完成后的检测确认了这个设定，同时视觉感受也证明了亮度设定的正确性。为了区分室内外的冷暖感觉差异，选择了色温 4200 开的陶瓷金卤光源。

建筑的立体感的体现靠光影的互衬，投光的面积有意识地控制在 60% 的表面面积上，同时控制亮度在设定范围内，其余的留给了影子。局部天际线投光稍强，除了城市尺度的指引目的也暗示出对外部开放的天庭空间的存在。实施过程中的调光涉及对亮度的现场判断，人眼对不同亮度的感受随时间有自适应的

建筑内外灯光的互衬。

沿着脚下光登顶的通道。

调节功能，有时会影响对实际亮度对比的判断，这时用相机等工具的屏幕显示反而能帮助客观判断相互的光比关系。

2. 流动的光

建筑环廊是建筑造型的细部也是人流的动线部分。用光表达动线既是对建筑的细节刻画又是对人流视线的导引。走在通道上，需要舒适的光环境与清晰的功能照明，远望需要环绕形体的光带。光带变宽处，是与室内呼应的位置，室内光也会透出来，这时表皮有了进深感。光带触至地面，与地面矮墙或扶手的光槽相连，拖至远方。主光带延伸至售票厅，终止端的售票厅室内光外溢，像吹起一个明亮的光泡。流动的光是靠贴墙的灯槽间接照明实现的。灯槽的宽度、高度，放灯的位置，灯的单位功率、色温，都经过反复的样板试验，才达到流畅、自然、舒适的视觉效果。

3. 浮起的光

底层外檐连续出挑形成檐下空间。间隔1.2米的下照射灯给地面约150勒克斯的照度，形成光的通路。走在光路上，室内外光影在界面处映射互动，空间更加诗意化。同时地面反射光和顶部的灯槽间接照明也烘托了檐下空间的亮度，似用光把建筑托起一样。大剧场的前厅有弓起的窗洞与室外相连，像眼睛一样，光带在此处与室内空间呼应渗透。小剧场的舞台室内外通透，给室内观众和室外游人同时观览的机会，这里空间是流动的，光促进了通透性。

4. 溢出的光

室内的灯光外溢是建筑外观最自然的灯光状态表达，就像路过雪乡人家，从积雪之间漏出的温暖的室内光那么真实且有诗意。室外金属外皮、天空的蓝、沼泽地的暗与室内的温暖是令人激动的光景观。大剧院的前厅部分天窗玻璃幕结构似水晶体，用内侧光强化该突起的部分，从外侧看晶莹璀璨。从亮度上讲，室内部分应该是亮度最高的。从室内高亮度向室外低亮度外溢是最自然的灯光表现，反之就会本末倒置，削弱建筑的空间感。

三、环境光的层级

从中心（室内）到主体建筑、室外广场、景观湿地沼泽依次用光的表现状态为整体空间，局部表面，不均匀光斑光带，零星散点扩散式布光，由强至弱。就是说，光进入沼泽地逐渐弱化消失，体现对环境的尊重。建筑室内光环境需要正常标准要求的光，设计遵从了光的不同层级需求。栈桥的灯光特制了太阳能发光系统的点光，由于工期问题止于试验成功阶段。广场上的布光探讨过诸多方案，起初主要是以消灭灯杆为目的，假如你站在广场上对建筑摄影就会理解这一点。由于担心广场人流多时的照度能否满足，最后选择了立杆的球形灯泡。广场上的星光点缀也因担心积雪覆盖而放弃。

四、室内照明的立足点

室内空间的复杂性和多样性特征促使灯光布局采取简约的梳理方式。布光关注于空间照度的满足，对人流的引导以及空间形态的表达三个方面。照度的标准综合了立面照度对视觉的感受，为了空间的节奏在不同区域采用不同强度的用光和不同的照明方式并有意降低了均匀度。人流的引导光结合天花和扶手等建筑的细节特点采用了线性布光方式，在空间节点如大剧场前厅与小剧场前厅的连接通道顶部用光纤做出星光效果，提示空间的连接点以增加趣味。空间形态的光兼顾了室内空间场景和外部透视时的空间深度，如前厅回廊木质立面使用了较高的光照强度拉开了室外到室内的距离感。对于丰富的室内转折面使用了地埋灯上照和筒灯下照反射的照明方式。对于主体演出空间

建筑是浪漫的，照明也写意化了，人走在坡道上与建筑共同构成风景。

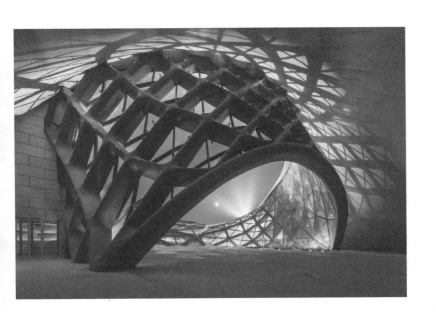

投光灯穿过网状骨架将影子编织到墙面上。

则兼顾了不同需求下的不同用光模式等。

设备的安装以不影响外饰面的完整为前提，灯位顺应了结构的逻辑，灯具选用上考虑了防眩光，在细节构造上也采取了防眩光措施。灯槽内的灯具安装位置保证在不同的角度不漏光源且均匀连续，这些细节直接与光环境的品质相关联，施工过程中进行了反复核查。

找到载体与空间的逻辑关系后用简约的光表达也是对节约投资和节能的贡献，在此意义上照明设计就是环境设计，我们期待在不同季节里灯光和环境的紧密融合。

演出要开始了

注：此文原载于 2017 年《照明设计》杂志第 1 期。该项目曾获得北美照明 IES 卓越奖和国内很多照明设计奖项，究其原因恐怕是对建筑造型材质空间的理解表达和光在建筑及环境中的融洽关系。建筑选址在太阳岛边上，大面积的湿地缓解了周围城市高层建筑的繁杂，成为独处于环境中的雕塑般的存在。不久前回访，见傍晚落日余晖中，游人沿外环道拾级而上，登顶观景。脚下的灯光逶迤盘旋，远方霞光叠韵，明月挂天上，人在夜景中，俨然一画卷呈现眼前。

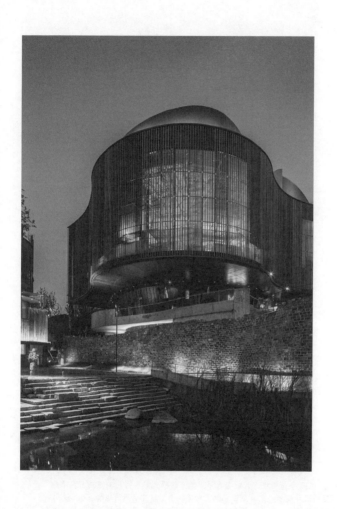

丝铉剧院定名为光开始的地方。

聚焦人视线的光，是有预谋的光。

远光可眺，脚下的光是人文关怀。

近人的尺度要亮，近天的尺度要暗。

地面的光与人对话，有光有生活，有光有商业。

有逻辑的光串联建筑，有关联的建筑组成街区，有逻辑的街区吻合土地。

使用者的路径就是布光的路径。湖南常德有个叫老西门的地方，是本地的老街区。所谓老西门就是过去城墙西门边上的生活区。城墙早已废了，留下了部分断壁和建于上方的常德保卫战使用过的碉堡。老西门项目就是一个城市更新项目，因此有回迁的社区，迁建的窨子屋，迁回的商业街，修复的护城河及部分城墙，河边建了新式的酒楼，创客的工坊，钵子菜博物馆，丝铉剧院，以及其他诸多设施，连接它们的是通廊，跨河廊桥，石板步道等。房子是逐渐盖起来的，紧跟着的是景观设计实施，还有我们负责跟随的灯光设计与实施监理。丝铉剧院门口有个标识曰"光开始的地方"，布光的路径也随着建设开始了。

首先是回迁楼盖起来了。回迁楼是高楼，离开平房高升的原居民并没有因此改变习惯，他们仍然喜欢在每层宽阔的走廊下摘菜洗米，拉家常，建筑师预判到了这一点，空中平台加宽大走廊。我觉得平台和走廊就是她们住宅客厅或厨房空间的延伸，应该需要充足的灯光，当人们散去时光也应该暗下来。于是夜晚的风景在高层建筑的走廊上展现了，明朗的走廊与互动的居民。一幅生活者的夜景立面，灯光不为装饰而成为夜色。

一条功能杂多的更新商业街在哪里布光？光洒向哪里？我们在

脑海里首先想象使用者在哪里，逛街需要用光铺出的路。显然，光应该照在地面上。灯设在屋檐下，照亮了店铺立面与步行道的界面。步行街有树木植物、喷水、雕塑，用多头的投射灯杆满足这些多样的需求最便捷。廊下有光，方便客人进店，道上有灯，照亮脚下的路还有赏心悦目的景。水路也是被掠光照亮的，小船在下面游。行人在廊下、天桥上，整条街，是这样的布光路径与逻辑。

每组建筑有自己的特点，布光遵守建筑的逻辑。街道有街道的光密度要求：底层的光密度是最大的、连续的、接近均匀的。二层略放松，三层更稀疏，屋顶似空中楼阁，几棵树成了光的仙居一般。天空是蓝的，地面是暖的，天地间的纽带是色温与明暗。水、光、绿树、行人、建筑和街能够在夜晚融为一体，是光在渲染。

聚焦人视线的光，是有预谋的光。远光可眺，脚下的光是人文关怀。近人的尺度要亮，近天的尺度要暗。地面的光与人对话，有光有生活，有光有商业。有逻辑的光串联建筑，有关联的建筑组成街区，有逻辑的街区吻合土地，现在看老西门商业街已经是生长在那里似的。

左：光为路径而为，内容由街道丰富。
下左：光的构想先从纸上开始游走。
下右：窨子屋的布光草图，把内院、内庭、通道用光巧妙地串起来互为对景。

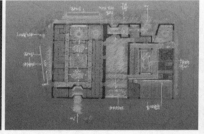

左上：水边的台阶，拱桥建筑，
城墙，用光统一画面。
左下：新街区融入城市像本来
在那里一样，光在街区里唤起
商业活力。
右：水面、地面、廊桥面多层
次的活动与光的照应。

上：通路光是透过木结构射到地面的，拱形结构的影子也落到地面上。
下：有光照亮的墙做背景，舞台就有了。2013 年窨子屋建成时设计师
们手舞足蹈起来。

进入建筑的楼梯，用光引路。

布光的目的是引导使用者。黑暗像一堵墙，但用光可以开辟道路。所有光在桥梁、走廊、步道、建筑里穿梭着，在空间中徘徊着。

功能灯光产生的装饰效果和装饰灯光产生的装饰效果是完全不一样的。太装饰的设计往往是不自然的，太光亮的地方往往是不近人的。人坐的地方，光要避开，人要能够坐下来。

商业街的光虽然大部分是单色温的，但是仔细看仍很丰富。因为商业内容很丰富，这就是街区的布光路径。

小梁这儿的宵夜真棒，比隔壁的好多了

注：老西门的建筑环境和灯光设计分别获得国际国内业界大奖，收到专业领域及民众的喜爱。灯光是增值的，但灯光的投资是在克制下精简过的。业主给建筑师很大的宽容度，建筑师给照明设计师以很大的自由度。现场边调灯边感受场景边改方案，同时对照明方式、灯具安装、细节做修正，此时建筑也修正着。我与建筑师开玩笑说：这房子盖着盖着就旧了，街道也像个老街道，房子像是些老房子，就好像我们在做传统街区的改造。

无用之光

2014 年马可策展的"中国传统手作油纸伞展"在通用的多功能展厅展出。
通用的灯光和策展人特殊设定的光线巧妙地把伞的特质表达了出来。

在日光与灯光交叉的空间里，院子与屋子，户内与户外的感受也在交替着，冷暖互映，诠释着本来生活应有的状态。

北京"无用空间"有二部分。一部分私属化生活空间承担内部体验预约客户的服务,一部分为对外的通用展厅,展示服装设计师马可下乡探访的民艺收集成果。室内改造由著名建筑师梁井宇先生担任。

生活空间中再现了生活中的场景:院子、客厅、活动空间、儿童娱乐空间、厨房、茶室、卧室起居、卫生间等。生活空间场景朴素低调,材料原始。布光的原则是表达主要物件、空间关系以及通路指引。有意识地将光投射到立面与地面的交界处,明确空间界限,此时用光效率是最高的。在日光与灯光交叉的空间里,院子、屋子,户内、户外的感受也在交替着,冷暖互映,诠释着本来生活应有的状态。院子中的生活物件,制衣原料的麻匹,石水槽在光下完整了场景的感受。

通用展示空间占二层高度,标准轨道式照明加上部分引电点可以适应不同主题与布置方式的物件展示。曾经的展览如马可策划的"无用十周年暨传统手作油纸伞展"。展品悬吊空中,射灯照向伞面,犹如天光泻下。参观者游步于伞下,像走在古街雨天的石板路上,生活、历史、记忆、信仰朴素且巧妙地呈现在现场。

上：2015 马克策展的"篮中岁月：中国百年篮篓展"。照片由欧科公司提供。
下：2018 马可策展的"生活在何处"投光灯聚焦展品，点明展示主题。

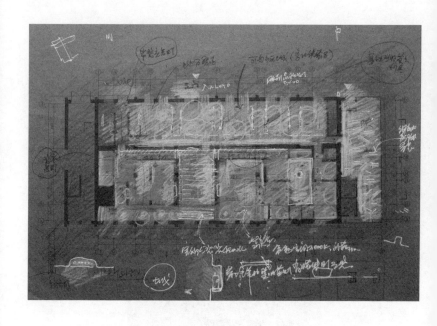

光的平面布局。用疏密不同的光对应不同功能要求，均匀的布光空间
是通用展览空间，方便对应不同主题的策展。

左上：室内场景的院落展示，光与石臼定义院落的主题。

左下：展室内的生活场景模拟用极少的光聚焦重点区域。

下：空间的一角，聚焦的光也是空间转折的暗示。

生活在何处？羊、骆驼、牦牛和牧人远去的背影。"无用生活空间第九届民艺新展"由马可策划，在 2018 年的冬至日开幕，游牧时光，点点滴滴，马车，羊皮袄，纺车，皮帐篷还有影像中的牧人与羊群。射灯聚焦展示品，明暗对比强烈，营造暗环境为墙面影像自由播放创造了条件。展览在继续着，新展览还会策划，基本的展示灯光提供了策展创作的条件。

照你，浪费我的灯

注：北京无用空间完成于 2014 年。承接这个任务缘于建筑师梁井宇的推荐，结识著名服装设计师马可及无用团队，与马可的交流，理解无用的精神世界，充实了我对空间的认识和用光的度。同时感受到了著名服装设计师马可对于古老本原生活的执着追求与探索。

作者简介

许东亮

栋梁国际照明设计中心主持设计师。东南大学建筑系本科毕业，哈尔滨工业大学建筑系研究生毕业，曾赴日本从事设计工作多年。中国照明学会理事，北京建筑大学 ADA 研究中心光环境设计研究所主持人。主要从事城市照明规划、建筑照明设计、灯光艺术作品创作等，完成有数个中国城市的照明规划和标志性建筑的照明设计。2005 年获"日本照明学会设计奖"，2012 年威尼斯建筑双年展代表中国出展作品"光塔"。2015 年北京国际设计周中国建筑 1000 参展，2016 年获第 43 届 IES 建筑照明设计卓越奖，多次获国内照明设计奖。2017 年成为厦门金砖会议期间夜景照明总设计师，2018 年成为青岛上合峰会期间城市照明提升总设计师。

照明设计作品
哈尔滨大剧院，廊坊大剧院，成都华润万象城，西湖文化中心，南京市景观照明建设导则，郑州郑东新区总体规划，郑州郑西四个中心，北京大成国际中心，无用生活空间，常德老西门，莲花酒店，西安丝路会展中心，烟台主城区照明规划设计，厦门金砖五国会议重点片区夜景提升规划及设计，青岛上合峰会城市照明提升规划设计等。

光艺术作品

光对话，光毯，光菩提，光阵列，光无限，光塔，万里江山（合作），
媒体·墙等

学术活动讲演

2011 年意大利米兰照明设计国际论坛讲演

2012 年韩国首尔亚洲照明设计师论坛讲演

2014 年 日本横滨 LEDJAPAN 国际会议讲演

2015 年 广州国际灯光节创意城市论坛讲演

2016 年 香港国际照明展论坛讲演

2019 年日本东京 Enlighten Asia2019 论坛主题讲演

参加展览

2012 威尼斯建筑双年展作品"lightopia"

2012 德国曼海姆建筑中国 100 参展

2013 西班牙塞戈维亚中国宫参展

2013 上海喜马拉雅美术馆开馆展

2013 上海新天地原初回顾展参展

2013 北京 798 白盒子艺术中心展参展

2014 长沙梅溪湖建筑艺术展参展

2015 北京国际设计周中国建筑 1000 展参展

2018 中央美术学院 MAB18 国际媒体会议作品参展

著作

《光意象》《光解读》《光表达》

插画师简介

梁贺

毕业于中山大学 岭南学院 金融学系
跨界设计师 漫画作者
与光共舞 CEO
云知光联合创始人 首席品牌官
飞利浦新锐照明设计师
曾出版个人漫画集《光头仔的夏秋冬春》

笑不笑！你笑不笑！

LEGO 2013.2.13